ANGEWANDTE PFLANZENSOZIOLOGIE

VERÖFFENTLICHUNGEN DES
INSTITUTS FÜR ANGEWANDTE PFLANZENSOZIOLOGIE
DES LANDES KÄRNTEN

HERAUSGEBER

UNIV.-PROF. DR. ERWIN AICHINGER

HEFT V

DIE ROTBUCHENWÄLDER ALS WALDENTWICKLUNGSTYPEN

EIN FORSTWIRTSCHAFTLICHER BEITRAG ZUR BEURTEILUNG DER ROTBUCHENWÄLDER

VON UNIV.-PROF. DR. ERWIN AICHINGER

Springer-Verlag Wien GmbH
1952

Schriftleiter:

Univ.-Prof. Dr. Erwin Janchen.

ISBN 978-3-211-80240-3 ISBN 978-3-7091-2447-5 (eBook)
DOI 10.1007/978-3-7091-2447-5

Vorwort.

Die vielen Kurse und Lehrgänge, welche Herr Prof. Dr. Erwin Aichinger, der Vorstand des Instituts für angewandte Pflanzensoziologie in Arriach, im Laufe der letzten Jahre für die Forstleute der Steiermark, für Praktiker und Verwaltungsbeamte, gehalten hat, haben seiner Arbeitsrichtung einen ständig wachsenden Kreis von Anhängern gebracht und diese in die Grundgedanken dynamisch-pflanzensoziologisch ausgerichteter Waldwirtschaft eingeführt. Der Niederschlag dieser Lehrgänge wurde, um für die Teilnehmer als Erinnerungsstütze, für andere als Lehr- und Nachschlagsbehelf dienen zu können, von der Arbeitsgemeinschaft des Instituts für angewandte Pflanzensoziologie in Arriach und der Landesforstinspektion für Steiermark in Graz zu Ostern 1952 als erstes Heft der „Mitteilungen der Arbeitsgemeinschaft" herausgegeben.

Mit dem vorliegenden 5. Heft beginnen wir nun eine Reihe von — ich möchte fast sagen monographischen — Arbeiten über die Waldentwicklungstypen aus der Feder Aichingers. Die vorliegende Arbeit erfaßt die Rotbuchenwälder als Entwicklungstypen, wobei für die forstliche Praxis der besondere Wert der Aichingerschen Darstellungsweise darin liegt, daß zuerst der Pflanzensoziologe Aichinger eine gründliche pflanzensoziologische Untersuchung des Aufbaues, des Entwicklungsganges und der Entwicklungsmöglichkeiten der einzelnen Buchenwaldtypen vornimmt und dann dem Forstmann und Praktiker Aichinger das Wort gibt zu einer ausführlichen Besprechung aller der Folgerungen, die aus diesen Erkenntnissen der dynamisch aufgefaßten Pflanzensoziologie für die Beurteilung und Bewirtschaftung dieser Wälder gezogen werden können und müssen.

Bei seiner Bearbeitung der „Rotbuchenwälder als Waldentwicklungstypen" — wie sie Aichinger hier kurzweg nennt — beschränkt er sich aber natürlich nicht etwa auf Buchenreinbestände oder Mischwälder mit einem großen Anteil von Rotbuchen, sondern er erfaßt dabei auch alle jene Entwicklungstypen bzw. -stadien, die letzten Endes zum Rotbuchenwald führen können, ebenso wie diejenigen, welche als Verwüstungsstadien von Rotbuchenwäldern anzusehen sind. Eine solche umfassende Bearbeitung aller Waldtypen, die irgendwie zum Rotbuchenwald in Beziehung stehen, ist erstmalig und füllt eine von uns Forstleuten immer schon empfundene Lücke aus. Erst dadurch wird der forstlichen Praxis die Möglichkeit gegeben, ihre Wälder mit anderen Augen zu betrachten und die gegebenen Entwicklungsmöglichkeiten voll auszunützen.

Ich freue mich, schon hier darauf hinweisen zu können, daß in Kürze zwei weitere Hefte der Mitteilungen erscheinen werden, nämlich die im gleichen Sinne aufgebauten Arbeiten A i c h i n g e r s über die Fichtenwälder und über die Rotföhrenwälder.

G r a z, im August 1952.

Richard V o s p e r n i g,

wirkl. Hofrat, Dipl.-Ing.,
Regierungsforstdirektor, Graz.

Die Rotbuchenwälder als Waldentwicklungstypen.

Ein forstwirtschaftlicher Beitrag zur Beurteilung der Rotbuchenwälder.

Von Erwin Aichinger (Arriach).

Einleitung.

Die Rotbuchen-Tannen-Mischwälder stellen im ozeanischen gemäßigten Klima Mitteleuropas den Höhepunkt der Vegetationsentwicklung dar, weil Rotbuche und Tanne in diesem ihrem Klimagebiet bei hinreichendem Nährstoff- und Wasserhaushalt sowie guter Bodendurchlüftung als Schatthölzer nicht mehr durch andere Holzarten verdrängt werden können.

Die Rotbuchenwälder meiden in ihrem Verbreitungsgebiet grundwassernahe luftarme Böden und können daher im Gelände der Auenwälder nur auf den höheren Terrassen lebenskräftig aufkommen. Selbst wenn diese Böden oberflächlich sehr nährstoffreich sind, überlassen die Rotbuchenwälder die grundwassernahen Auenwaldböden in tiefen, warmen Lagen dem Eichen-Hainbuchenwald, in höheren, kühlen Lagen dem Bergahornwald und in noch höheren, kühleren Lagen dem Fichtenwald.

Die Rotbuchenwälder bevorzugen mehr oder weniger ozeanisches Klima, worauf schon 1872 Grisebach hingewiesen hat: „Unter allen die Physiognomie der Landschaft bestimmenden Waldbäumen ist die Buche der vollkommenste Ausdruck für den klimatischen Einfluß des Seeklimas in Europa." Auch Tschermak* kommt auf Grund eingehender Untersuchungen zu folgendem Ergebnis:

„Die Buche bevorzugt in Österreich Lagen mit Randgebirgsklima mit mäßiger Spätfrostgefahr und meidet die Gebiete des Zentralgebirgsklimas mit seinen größeren Temperaturextremen und stärkeren Spätfrösten."

An Wärme und an Länge der Vegetationszeit stellt die Rotbuche geringere Ansprüche als Eiche und Hainbuche, weshalb sie in ihrem oberen Verbreitungsgebiet nicht mehr mit diesen wärmebedürftigen Laubhölzern, sondern mit der Fichte in Wechselbeziehung tritt.

Trockene Böden vermag die Buche in ihrem Verbreitungsgebiete um so weniger zu besiedeln, je trockener das Klima ist und umgekehrt vermag sie trockene Böden um so leichter zu besiedeln, je ozeanischer und somit ausgeglichener das Klima ist, je weniger Spätfröste vorkommen. Deshalb tritt sie in tieferen offenen Lagen im Süden und Osten Europas zurück und tritt in tiefen Lagen im Süden und Osten Europas nur in luftfeuchten, klimatisch ausgeglichenen tiefen Gräben und Schluchten sowie an schattig gelegenen Nordhängen hervor.

An die Durchlüftung des Bodens stellt die Rotbuche ganz erhebliche Ansprüche, weshalb sie alle zu schwach durchlüfteten Böden meidet. Es ist dabei gleichgültig, ob diese Luftarmut des Bodens auf Vernässung oder auf großen Anteil toniger Bestandteile oder auf waldverwüstende Eingriffe, wie Beweidung, Kahlschlag, Streunutzung u. dgl., zurückzuführen ist. Dadurch ist es erklärlich, daß sie mitten in ihrem optimalen Klimagebiet Lehmböden, wie wir sie auf Werfener oder Kössener Schichten sowie auf tonreichem Kalk antreffen, besonders gern der flachwurzelnden Fichte überläßt.

Wird auf solchem tiefgründigen, kalten, lehmigen Boden im Großkahlschlag der Rotbuchen-Tannen-Fichten-Mischwald niedergeschlagen, so vermag man nur sehr schwer in der folgenden Generation wieder einen Rotbuchen-Mischwald aufzubringen. Der Rotbuchen-Mischwald wird zum reinen Fichtenwald degradiert.

Die Rotbuchenwälder meiden auch trockene, wasserdurchlässige Böden sowie Rohhumusböden und bevorzugen die milden, krümeligen und somit lockeren Mullböden. Abgesehen von den Spätfrösten und der kurzen Vegetationszeit ist auch dies ein Grund, weshalb die Rotbuchenwälder nicht in die Nadelwaldstufe reichen, wo sich das Bodenleben aus klimatischen Gründen nur sehr schwer aufbauen kann.

Die Leitpflanzen des Rotbuchenwaldes sind verwöhnt und stehen gewissermaßen auf einem höheren Lebensstandard. Sie stellen an Bodennahrung, Bodendurchlüftung und Bodenwasser sehr hohe Ansprüche und verlangen im allgemeinen ein feuchtes, ausgeglichenes Klima. Da der Unterwuchs von dem dichtgeschlossenen Kronendach stark beschattet wird, finden wir hier weit mehr Schattenpflanzen als im Eichen-Hainbuchenwald. In sehr schattig gelegenen Rotbuchenwäldern tritt der sommerliche Unterwuchs völlig zurück. Die Pflanzen benützen dann die Zeit des unbelaubten Zustandes, also hauptsächlich das zeitliche Frühjahr, um heranzuwachsen, zu blühen und zu fruchten. Da ihnen für ihre Entwicklung somit nur ein äußerst kurzer Zeitraum zur Verfügung steht, so sind sehr viele von ihnen Geophyten mit kräftigen reservereichen Rhizomen, mit Knollen oder mit Zwiebeln.

Die Rotbuchenwälder zeigen trotz ähnlicher Physiognomie keinen gleichen floristischen Aufbau, weil die Boden- und Klimaverhältnisse von vorneherein nicht gleich sind und die Forstwirtschaft den Haushalt und damit den floristischen Aufbau des Waldes durch ihre Eingriffe verschiedentlich geändert hat.

So ist der Aufbau der Rotbuchenwälder, die auf einem seit jeher trockenen Kalk- oder Dolomitboden siedeln, völlig anders als von Rotbuchenwäldern auf ehemaligen Grau-, Schwarz- oder Grünerlenböden.

Mitbestimmend ist weiter, daß die klimatischen Verhältnisse an der oberen Grenze der Rotbuchenwälder völlig anders gestaltet sind als an der unteren Grenze.

Daher unterscheide ich:

a) bodenbasische Rotbuchenwälder, die nach Aufbau einer genügend wasserhältigen und nährstoffreichen Humusschicht in bodenbasischen Waldgesellschaften aufkommen konnten;
b) bodensaure Rotbuchenwälder, die auf bodentrockenem, saurem Substrat siedeln oder nach Vernichtung des guten Wasser- und Nährstoffhaushaltes Verwüstungsstadien von kräuterreichen Rotbuchenwäldern darstellen und eine Rohhumusauflageschicht besitzen;

c) bodenfeuchte Rotbuchenwälder, die sich auf wasserzügigen Unterhängen oder Schuttkegeln oder höheren Auwaldterrassen aus einem Grau-, Schwarz- oder Grünerlenwald entwickelt haben.

Auf Grund des natürlichen Ganges der Vegetationsentwicklung kann der Rotbuchenwald zu den verschiedensten Rasengesellschaften, Hochstaudenfluren, Zwergstrauchheiden, Nadel- und Laubwäldern in Wechselbeziehung stehen.

Der floristische Aufbau der Rotbuchenwälder erklärt sich aus diesen Beziehungen zu den einzelnen Pflanzengesellschaften, die jeweils bestimmte Standortverhältnisse ausdrücken. Daraus folgt, daß die Rotbuchenwälder, je nach ihren Beziehungen zu anderen Pflanzengesellschaften, verschieden behandelt werden müssen.

Ein Rotbuchenwald, der sich nach Aufbau einer nährstoff- und wasserhältigen, gut durchlüfteten und milden Humusschicht aus einem bodentrockenen Rotföhrenwald langsam heraufentwickelt hat, bedarf einer pfleglichen Bewirtschaftung, weil sein Wasserhaushalt sehr labil ist und der Boden zur Austrocknung neigt.

Ein Rotbuchenwald, der sich aus einem Flaumeichenwald entwickelt hat, kann ebenfalls erst nach Aufbau einer wasserhaltenden Humusschicht heranwachsen, verliert aber gleich wieder seine Lebenskraft, wenn sein Wasserhaushalt durch irgendwelche Eingriffe, wie z. B. Streunutzung, Kahlschlag, herabgesetzt wird.

Ein Rotbuchenwald an der oberen Grenze seines Vorkommens ist besonders gefährdet, weil das Bodenleben aus klimatischen Gründen nicht sehr zahlreich ist und der rohe Bestandesabfall dadurch nur sehr langsam in milden Humus übergeführt werden kann. Dieser Wald muß also sehr pfleglich bewirtschaftet werden, weil seine Nahrungsreserve gering ist und bei der kleinsten Störung das den Rohhumus aufschließende, ohnehin geringe Bodenleben noch mehr zurückgeht.

In einem Rotbuchenwald, der sich aus einem Eichenwald durch ungehinderten Aufbau eines guten Mullbodens entwickelt hat, müssen waldverwüstende Eingriffe vermieden werden, weil er dadurch sein Bodenleben sehr schnell wieder verliert und zum bodensauren Eichenwald degradiert wird.

Ein Rotbuchenwald, der sich auf einem Unterhang oder Schuttkegel aus einem Grau-, Schwarz- oder Grünerlenwald entwickelt hat, muß deshalb sorgsam behandelt werden, weil er zur Vernässung neigt und sehr leicht seine Bodendurchlüftung und damit seine Lebenskraft verliert.

Ein Rotbuchenwald lehmiger, luftarmer Böden muß besonders an seiner oberen Grenze sehr pfleglich behandelt werden und wird durch Kahlschlag, Waldweide und Streunutzung sehr leicht zum flachwurzelnden, besonders gefährdeten Fichtenreinbestand degradiert.

Durch pflegliche Wirtschaftsführung ist es also möglich, den Nahrungs- und Wasservorrat im Boden zu heben und zu erhalten, sowie dem Boden hinreichende Durchlüftung zu geben. Es wird demgegenüber aber nicht so leicht möglich sein, ungünstige klimatische Faktoren zu verbessern. Im allgemeinen werden uns hier höchstens lokalklimatische Verbesserungen kleineren Stils gelingen, so z. B. durch geeignete Maßnahmen die kalte Luft aus Senken und Becken zum Abfluß zu bringen, kalte Winde durch Baumkulissen abzuhalten oder durch entsprechende Hiebsführung abzuschwächen, die Lufttemperatur und Luftfeuchtigkeit durch Anlage von Teichen auszugleichen und damit die Frostgefahr herabzusetzen u. a. m.

Es ist jedoch durchaus nicht immer das Klima, das der Buche einen Standort verleidet, wie überhaupt dieser Faktor viel zu sehr verallgemeinert wird. Oft habe ich in Mulden, die als ausgesprochene Frostbecken gelten, durch Temperaturmessungen festgestellt, daß die Buche nicht aus klimatischen Gründen fehlt, sondern einzig und allein deshalb, weil der Boden durch seine Beckenlage angeschlämmt oder durch den Weidebetrieb luftarm wurde. Daher ist es auch nicht immer leicht, festzustellen, warum z. B. Fichte oder Bergahorn mitten im Buchenwald inselartig hervortreten. An manchen Stellen kann die kalte Luft als Ursache gelten, die durch eine Mulde herabfließt, sich an einer Hangschwelle staut oder sich in einem Becken sammelt, anderswo der verdichtete, luftarme Boden, an dritten Orten wiederum die Vernässung usw.

In der folgenden Darstellung soll gezeigt werden, welche lebenswichtigen Faktoren in den verschiedenen Waldgesellschaften im Minimum stehen. Daraus erfahren wir, welcher Faktor gehoben werden muß, um z. B. in der oberen Buchenstufe die Vegetationsentwicklung zum frohwüchsigen, lebenskräftigen, kräuterreichen Rotbuchen-Tannen-Fichten-Mischwald zu ermöglichen.

	Wasserhaushalt	Bodendurchlüftung	Nährstoffhaushalt
Kräuterreicher Rotbuchen-Tannen-Fichten-Mischwald	+	+	+
Bodenbasischer Legföhrenwald	−	+	−
Bodenbasischer Rotföhrenwald	−	+	−
Bodenbasischer Lärchenwald	−	+	−
Bodenbasischer Fichtenwald	−	+	−
Bodensaurer Rotföhrenwald	−	−	−
Bodensaurer Lärchenwald	−	−	−
Bodensaurer Fichtenwald	−	−	−
Bodenfeuchter Grauerlenwald	+	−	+
Bodenfeuchter Schwarzerlenwald	+	−	+
Bodenfeuchter Grünerlenwald	+	−	+

So besitzt der kräuterreiche Rotbuchen-Tannen-Fichten-Mischwald einen ausgezeichneten Wasser- und Nährstoffhaushalt bei bester Bodendurchlüftung.

Die bodenbasischen Legföhren-, Rotföhren-, Lärchen- und Fichtenwälder können sich erst dann zu hochwüchsigen, abwehrkräftigen Rotbuchen-Tannen-Fichten-Mischwäldern entwickeln, wenn ihr Wasser- und Nährstoffhaushalt gehoben wird. Alle Eingriffe, welche dem Aufbau eines guten Wasser- und Nährstoffhaushaltes entgegenwirken, wie Großkahlschlag, Streunutzung, große Bestandeslichtungen, müssen unterbleiben.

Die bodensauren Rotföhren-, Lärchen- und Fichtenwälder können sich erst dann zu frohwüchsigen, abwehrkräftigen Rotbuchen-Tannen-Fichten-Mischwäldern entwickeln, wenn ihr Wasser- und Nährstoffhaushalt und ihre Bodendurchlüftung gehoben werden. Alle Eingriffe, welche dem Aufbau eines guten Wasser- und Nährstoffhaushaltes und der Bodendurchlüftung entgegenwirken, wie Großkahlschlag, Streunutzung, große Bestandeslichtung, müssen unterbleiben.

Der bodenfeuchte Grauerlen-, Schwarzerlen- und Grünerlenwald kann sich erst dann zum frohwüchsigen, abwehrkräftigen Rotbuchen-Tannen-Fichten-

Mischwald entwickeln, wenn seine Bodendurchlüftung tiefreichend gehoben wird. Alle Eingriffe, welche die Bodendurchlüftung herabsetzen, wie Mahd, Waldweide, Streunutzung, Kahlschlag und größere Bestandeslichtung, haben auf jeden Fall zu unterbleiben.

Wir ersehen aus dieser schematischen Darstellung, welche Faktoren gehoben werden müssen, damit sich im Rotbuchen-Tannen-Fichten-Klimagebiet der so wertvolle Rotbuchen-Tannen-Fichten-Mischwald durchsetzen kann.

Wir erfahren aber auch daraus, durch welche Eingriffe dieser wertvolle Rotbuchen-Mischwald zum minderwertigen Föhren-, Lärchen-, Fichten- oder Erlenwald herabgewirtschaftet werden kann.

So verstehen wir es, daß z. B. der Boden und Bestand eines Rotbuchen-Tannen-Fichten-Mischwaldes, der sich über einen Grauerlen-Unterhangwald herauf entwickelt hat, durch waldverwüstende Eingriffe vernässen und zum Grauerlenwald degradiert werden kann, und daß der Boden eines Rotbuchen-Tannen-Fichten-Mischwaldes, der sich über einen Rotföhrenwald heraufentwickelt hat, durch waldverwüstende Eingriffe vertrocknen, verhagern und damit zum Rotföhrenwald degradiert werden kann.

I. Die bodentrockenen, bodenbasischen Rotbuchenwälder.

Die bodentrockenen, bodenbasischen Rotbuchenwälder sind auf basischen Böden in Legföhrenbeständen, Rotföhren-, Schwarzföhren-, Lärchen-, Fichten-, Flaumeichen-, Traubeneichen-, Stieleichen-, Mannaeschen-, Hopfenbuchen-, Hainbuchen- und Bergahornwäldern aufgekommen und können sich zu Tannen-Rotbuchen-Mischwäldern weiter entwickeln.

Alle bodentrockenen, bodenbasischen Rotbuchenwälder besitzen einen sehr labilen Wasserhaushalt und müssen daher besonders pfleglich bewirtschaftet werden. Großkahlschlag, starke Durchlichtung und Streunutzung müssen auf alle Fälle unterbleiben, wenn sich anspruchsvolle Mischholzarten des Rotbuchen-Tannen-Fichten-Mischwaldes lebenskräftig natürlich verjüngen sollen. Geschieht dies nicht, so werden durch die unpflegliche Wirtschaft die Rotbuchenwälder wieder zu minderwertigen Waldgesellschaften herabgewirtschaftet, über die sie sich ehemals entwickelt haben.

Durch Kahlschlagbetrieb und Streunutzung können Rotbuchenwälder in sonniger Lage zu *Erica carnea*-Heiden und in schattiger schneereicher Lage zu Wimperalpenrosen-Heiden degradiert werden.

Die *Erica carnea*-reichen und *Rhododendron hirsutum*-reichen Rotbuchenwälder sind meist Ausschlagwälder.

Ich stelle zur Gruppe der bodentrockenen, bodenbasischen Rotbuchenwälder und zur Gruppe der bodentrockenen, bodensauren Rotbuchenwälder nicht nur die Rotbuchenwälder, die einen trockenen Boden besitzen, sondern auch die bodenfrischen Rotbuchenwälder, die sich aus trockenen, bodenbasischen oder bodensauren Pionierwäldern entwickelt haben.

So bespreche ich unter den bodensauren Rotbuchenwäldern auch den bodenfrischen Rotbuchen-Niederwald, den ich am 20° geneigten Westhang am Kandl ob Freiburg im Breisgau in 1215 m Seehöhe aufgenommen habe, weil dieser Rotbuchenwald infolge seiner optimalen Klimalage und des überaus feuchten, ausgeglichenen Klimas eine farnreiche Ausbildung besitzt, aber sich aus einer mehr oder weniger trockenen Waldgesellschaft entwickelte und daher einen labilen Wasserhaushalt hat.

Schematische Übersicht über die Entwicklungsmöglichkeiten der bodenbasischen Rotbuchenwälder:

Tannenwald
(Abietetum albae)

↑

Bodenbasischer Rotbuchenwald
(FAGETUM silvaticae basiferens)

↑

Erica-carnea-Zwergstrauchheide (Ericetum carneae)

Wimper-Alpenrosen-Zwergstrauchheide (Rhodoretum hirsuti)

Mannaeschenwald (Fraxinetum Orni)

Legföhrenwald (Pinetum Mugi)

Hopfenbuchenwald (Ostryetum carpinifoliae)

Rotföhrenwald (Pinetum silvestris)

Lärchenwald (Laricetum deciduae)

Stieleichenwald (Quercetum Roboris)

Bergahornwald (Aceretum pseudoplatani)

Schwarzföhrenwald (Pinetum nigrae)

Hainbuchenwald (Carpinetum Betuli)

Flaumeichenwald (Quercetum pubescentis)

Fichtenwald (Piceetum excelsae)

Traubeneichenwald (Quercetum petraeae)

Als bodenbasische Arten, also Pflanzen, welche basische Böden bevorzugen, können wir in vorliegender Arbeit mehr oder weniger hinausstellen:

Adenostyles glabra
Asplenium viride
Aster Bellidiastrum
Betonica divulsa = Stachys Jacquinii
Buphthalmum salicifolium
Calamagrostis varia
Carduus defloratus
Carex alba
Cephalanthera alba
Cephalanthera rubra
Cirsium Erisithales
Clematis alpina
Clematis recta
Cyclamen europaeum
Daphne Laureola
Dentaria heptaphylla
Epipactis atrorubens
Erica carnea
Fraxinus Ornus
Galium purpureum
Hacquetia Epipactis
Helleborus niger
Hepatica nobilis
Laburnum anagyroides
Laserpitium latifolium
Laserpitium peucedanoides
Lastrea obtusifolia
Melittis Melissophyllum
Origanum vulgare
Ostrya carpinifolia
Polygala Chamaebuxus
Polystichum Lonchitis
Rhododendron hirsutum
Sesleria varia
Scabiosa lucida
Veronica latifolia
Valeriana tripteris
Viola biflora

Ein kräuterreicher Rotbuchenwald, im bodenbasischen Legföhrenwald aufgekommen.

Diesen Rotbuchenmischwald treffen wir in der mittleren Buchenstufe, vor allem in sehr luftfeuchter schattiger Lage auf mehr oder weniger brüchigen Dolomit- und Kalkböden und in der oberen Buchenstufe an ebensolchen Örtlichkeiten auch in sonnigerer Lage, vor allem auf Lawinenhängen.

Einen solchen Rotbuchenwald, der im bodenbasischen Legföhrenwald aufgekommen ist, untersuchte ich auf einem 30° Nord geneigten Geröll-Lawinenhang am Schuttmantel der Koschuta in den Karawanken.

Der floristische Aufbau war folgender:

Strauchschicht:

Fagus silvatica	5.5	*Alnus viridis*	+
Pinus Mugo	2.2	*Picea excelsa*	+
Lonicera coerulea	+	*Abies alba*	+
Lonicera alpigena	+	*Acer Pseudoplatanus*	+
Salix grandifolia	+	*Larix decidua*	+
Sorbus Chamaemespilus	+		

Niederwuchs:

Fagus silvatica	2.2	*Clematis alpina*	+.2
Dentaria pentaphyllos	2.2	*Adenostyles glabra*	+.2
Oxalis Acetosella	2.2	*Stellaria nemorum*	+.2
Mercurialis perennis	1.2	*Polystichum lobatum*	+.2
Aposeris foetida	1.2	*Polystichum Lonchitis*	+.2
Euphorbia amygdaloides	1.2	*Dryopteris austriaca* ssp. *dilatata*	+.2
Corydalis cava	1.2	*Luzula silvatica*	+.2
Helleborus niger	1.2	*Viola biflora*	+.2
Athyrium Filix-femina	1.2	*Rhododendron hirsutum*	+.2°
Dryopteris Filix-mas	1.2	*Cardamine trifolia*	+
Lastrea obtusifolia (= *Dryopteris Robertiana*)	1.2	*Carex silvatica*	+
Saxifraga rotundifolia	1.2	*Adoxa Moschatellina*	+
Dentaria bulbifera	1.1	*Symphytum tuberosum*	+
Dentaria enneaphyllos	1.1	*Homogyne silvestris*	+
Anemone trifolia	1.1	*Hepatica nobilis*	+
Anemone nemorosa	1.1	*Paris quadrifolia*	+
Daphne Mezereum	1.1	*Rubus saxatilis*	+
Leucojum vernum	1.1	*Asplenium viride*	+
Valeriana tripteris	1.1	*Prenanthes purpurea*	+
Veronica latifolia	+.2	*Myosotis silvatica*	+

Dieser Rotbuchenwald ist als Legbuchenwald ausgebildet, weil ihn die alljährlich niedergehenden Lawinen immer wieder niederdrücken und ihn nicht zum hochstämmigen Wald heranwachsen lassen. Er unterscheidet sich vom hochstämmigen Rotbuchen-Mischwald dadurch, daß in seinem floristischen Aufbau infolge Fehlens der eigentlichen Baumschicht die Strauchschicht stark hervortritt und daß eine ganze Reihe von Arten, die wir im bodenbasischen Legföhrenwald immer wieder antreffen, hier in diesem Legbuchenwald vertreten sind. So in der Strauchschicht: *Pinus Mugo, Lonicera coerulea, Lonicera alpigena, Sorbus Chamaemespilus* und im Unterwuchs: *Rhododendron hirsutum, Rubus saxatilis, Valeriana tripteris, Adenostyles glabra, Lastrea obtusifolia.*

Als Charakterarten des Rotbuchenwaldes sind zu nennen: *Dentaria pentaphyllos, Dentaria bulbifera, Dentaria enneaphyllos, Cardamine trifolia.* Wir haben also einen südostalpinen Zahnwurzreichen Legbuchen-Legföhren-Mischwald der oberen Buchenstufe auf altem Lawinenhang-Kalkschuttmantelboden vor uns. Die Arten *Aposeris foetida, Helleborus niger, Anemone trifolia* und *Homogyne silvestris* sind Differenzialarten der südostalpinen Ausbildung.

Ich stelle diesen Rotbuchen-Buschwald zum bodenbasischen zahnwurzreichen Rotbuchenwald, der sich über den bodenbasischen Legföhrenwald heraufentwickelt hat und sich früher oder später nach Aufhören des Schneeschubes zum Tannen-Mischwald entwickeln würde (Pinetum Mugi basiferens ↗ FAGETUM prostratae dentariosum ↗ Abieteto-Fagetum).

Schematische Darstellung: Im Schutze des Legföhren-Lärchenwaldes vermag der Fichten-Rotbuchenwald den Lawinenhang hinaufzusteigen (Pinetum Mugi basiferens ↗ Laricetum ↗ Piceetum ↗ Abieteto-Fagetum).

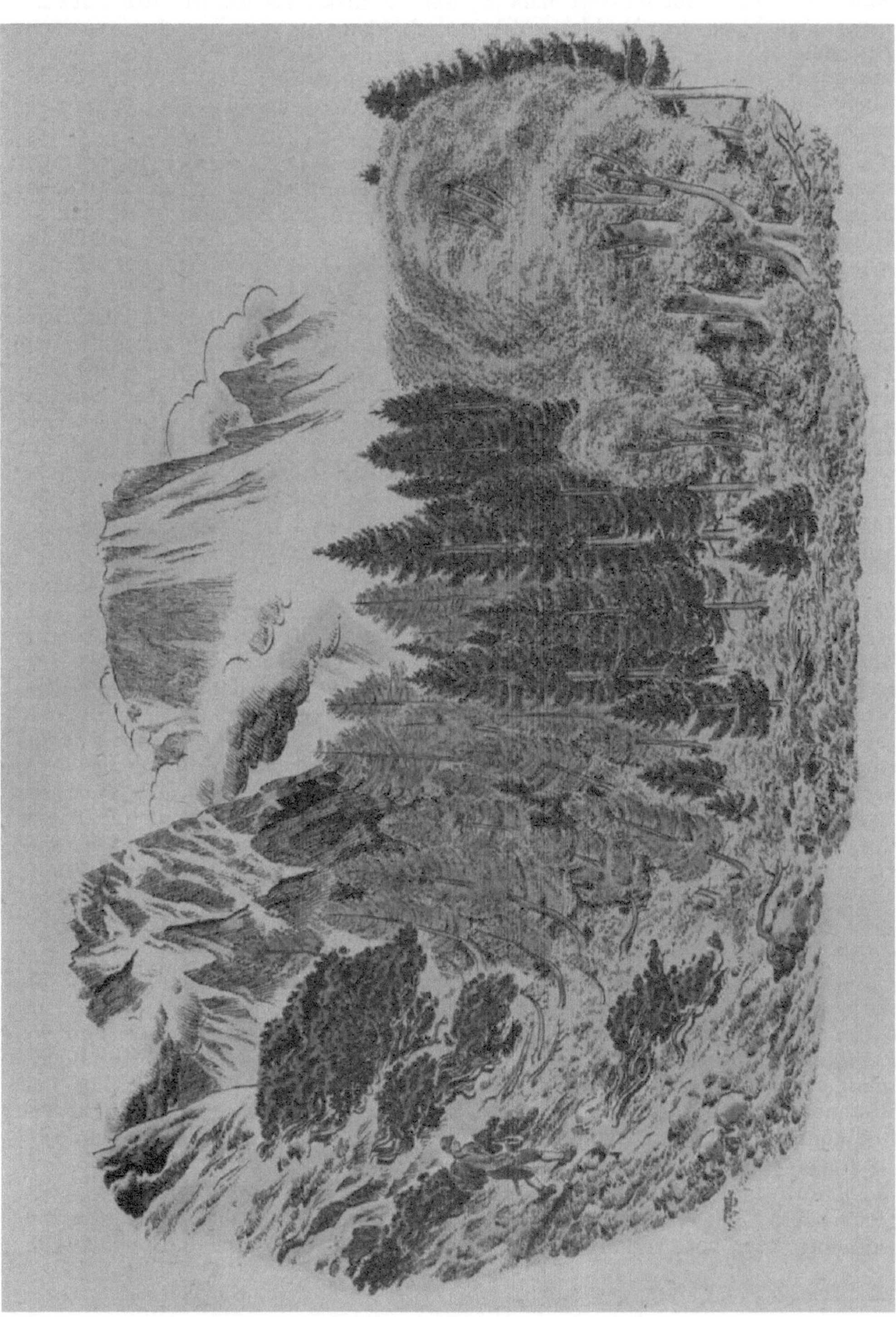

Es ist notwendig, darauf hinzuweisen, daß es sich um einen Legbuchenwald der oberen Buchenstufe handelt, weil in dieser Höhenstufe die Entwicklungsmöglichkeit des Waldes völlig verschieden ist von der der mittleren Buchenstufe. Ohne jeden weiteren Hinweis genügt die Höhenlage von 1640 m auf diesem schattigen schneereichen Hang, um zu ersehen, daß wir uns in der oberen Buchenwaldstufe befinden, ganz abgesehen davon, daß in diesem Legbuchenwald selbstverständlich alle wärmebedürftigen Arten fehlen.

Bezeichnend für den floristischen Aufbau dieses Legbuchenwaldes ist nicht nur, daß ihm die Baumschicht fehlt und in ihm viele Begleiter des bodenbasischen Legföhrenwaldes noch als Reste vertreten sind, sondern auch, daß im Unterwuchs die Hochstauden und Farne, die ja für Rotbuchenwälder in schneereichen, luftfeuchten Nordlagen besonders charakteristisch sind, zurücktreten. Die Hochstauden und Farne treten hier nicht so stark hervor, weil der Boden noch nicht den Höhepunkt seiner Entwicklung erreicht hat, also noch kein Optimum an Nährstoffen und Wasser besitzt. Damit sind wir mitten in den Haushaltsfragen dieses Legbuchenwaldes. Er kann sich nur dort entwickeln, wo die Legföhre und die Rotbuche Lebensmöglichkeiten finden. Der schattige schneereiche Schuttmantelhang in sehr luftfeuchter geschützter Lage sagt beiden Holzarten zu. In weniger schneereichen Lagen treffen wir diesen Wald nicht an, weil die Legföhre in dieser Höhenlage winterlichen Schneeschutz bedarf. In lufttrockeneren Klimagebieten findet wieder die Rotbuche keine zusagenden Lebensbedingungen. Dieser Wald bevorzugt Kalk- und Dolomitboden, weil auf Silikathängen meist die Grünerle die Vegetationsentwicklung einleitet.

Knapp neben unserer Aufnahme wurde vor vielen Jahrzehnten zur Weidegewinnung der Rotbuchenwald niedergeschlagen und die Legföhre hat sich sekundär ausgebreitet. Mit Ausnahme von *Fagus silvatica* und *Acer Pseudoplatanus* sind auch hier in diesem Legföhrenwald alle anderen Sträucher vertreten und in der Krautschicht fehlen *Dentaria pentaphyllos, Dentaria bulbifera, Cardamine trifolia, Anemone trifolia, Athyrium Filix-femina, Polystichum lobatum, Corydalis cava, Carex silvatica, Mercurialis perennis, Anemone nemorosa, Leucojum vernum, Saxifraga rotundifolia, Adoxa Moschatellina, Aposeris foetida, Euphorbia amygdaloides, Symphytum tuberosum, Myosotis silvatica, Paris quadrifolia,* also mehr oder weniger die besonders anspruchsvollen Arten des Rotbuchenwaldes. Dafür aber sind in diesem sekundären Legföhrenbestand eine ganze Reihe von Arten vertreten, die für den Fichtenwald bezeichnend sind, wie *Lycopodium annotinum, Lycopodium Selago, Calamagrostis villosa, Homogyne alpina, Luzula flavescens* und die Moose *Rhytidiadelphus triquetrus, Hylocomium splendens, Dicranum scoparium.*

Die Erklärung für diesen verschiedenen Aufbau in den benachbarten Wäldern ist nicht schwer. Durch den Abhieb des Legbuchenwaldes wurde auf diesem Steilhang der Boden offen, die Feinerde wurde weggewaschen und die Legföhre konnte sekundär aufkommen. Durch die Kahllegung verlor der Boden nicht nur seine Feinerde, sondern wurde auch mehr oder weniger untätig. Der Bestandesabfall blieb roh liegen und versauerte oberflächlich den Boden. Damit konnten die Arten des Fichtenwaldes in der Kraut- und Moosschicht aufkommen.

Damit sind wir mitten in Fragen der Vegetationsentwicklung. Aus vergleichenden Untersuchungen haben wir erfahren, daß die Vegetationsentwicklung über den bodenbasischen Legföhrenwald sich zum Rotbuchenwald heraufentwickelt hat und daß dieser Rotbuchenwald durch waldverwüstende Eingriffe wieder zum bodenbasischen Legföhrenwald herabgewirtschaftet wurde.

Dazu ist noch zu sagen, daß früher oder später die Legbuchen, unterstützt von Lärchen, Fichten und Bergahornen, vom Unterhang beginnend doch höher werden können, die Strauchschicht überwachsend langsam eine Baumschicht bilden und langsam den Lawinenhang hochstämmig bewalden. Freilich sind in der ersten Generation die Rotbuchen und ihre Begleiter in der Baumschicht noch sehr säbelwüchsig, aber schon die nächste Generation wird geradere Schäfte ausbilden können.

Wird aber dieser Rotbuchen-Tannen-Fichten-Mischwald am ganzen Hang niedergeschlagen, so können sich hier wieder Lawinen bilden, die im Vereine mit dem Schneeschub das Aufkommen eines gradschäftigen Waldes durch viele Generationen unterbinden. Der hochstämmige Rotbuchen-Mischwald wird zum Legbuchen-Mischwald, ja sogar zum Legföhrenwald degradiert.

Durch diese Überlegungen sind wir mitten in den waldbaulichen Folgerungen, die wir aus dem Gange dieser Vegetationsentwicklung zu ziehen haben. Der floristische Aufbau des Legbuchenwaldes zeigt uns, daß der Nährstoff- und Wasserhaushalt gut sind, daß also die Renkformen dieses Waldes nicht vom ungünstigen Nährstoff- oder Wasserhaushalt oder gar von klimatischen Einwirkungen herkommen, sondern, daß diese Renkformen ihren gewundenen Wuchs lediglich den Lawinen und dem Schneeschub zuzuschreiben sind.

Daraus können wir schließen, daß es ohne weiteres möglich wäre, von einer Generation zur anderen den Legbuchenwald in einen hochwüchsigen Rotbuchen-Mischwald überzuführen, wenn es uns gelingen würde, den Lawinengang und den Schneeschub aufzuhalten.

Lawinenverbauungen, gleich welcher Art, sind aber nicht immer möglich. In den meisten Fällen wird es uns nicht gelingen, ohne sehr große Kosten die Lawinen aufzuhalten. Somit müssen wir diese Entwicklung vom Legbuchen-Mischwald zum hochwüchsigen Rotbuchen-Mischwald der Natur selbst überlassen. Wir müssen aber alle Eingriffe, welche die Entstehung von Lawinen begünstigen, auf jeden Fall unterlassen. Das bedeutet aber, daß diese Wälder als Schutzwälder zu bewirtschaften sind, und daß im Interesse der Zukunft auf jegliche Erträge verzichtet werden muß.

Aber nicht alle Rotbuchenmischwälder, die in Beziehung zum Legföhrenwald stehen, nehmen diese Entwicklung. In sehr schattig-kühlen Lagen, in luftfeuchten Schluchten, wo es der Rotföhre zu kühl ist, da reichen besonders auf brüchigen Kalk- oder Dolomitböden die Legföhrenbestände bis tief ins Tal und ersetzen hier gewissermaßen die Rotföhren. Da die Eiche diesen dolomitischen skelettreichen Boden nicht erträgt, die Rotföhre nicht gerne in diese kühlen feuchten Gräben steigt, tritt die Legföhre an ihre Stelle und leitet den Gang der Vegetationsentwicklung zum Rotbuchen-Mischwald ein. Auch hier sind die erste und die nächste Generation des Rotbuchen-Mischwaldes nicht sehr schaftrein, sondern zeigen Renkformen. In diesem Falle sind die gekrümmten renkigen Stammformen nicht durch die Lawinen, sondern durch den Nährstoff- und Wassermangel im Boden verursacht. In den kommenden Generationen wird aber früher oder später der Boden durch die Auflagerung des Bestandesabfalles nährstoffreicher und wasserhältiger und gibt dem Buchenmischwald in zunehmendem Maße die Möglichkeit, geradere, wuchsfreudigere Schäfte heranwachsen zu lassen. Auch hier darf die Forstwirtschaft nicht eingreifen, nicht etwa, weil hier Lawinengefahr besteht, sondern, weil der Rotbuchen-Mischwald in den ersten Generationen sehr labil ist. Jeder Kahlschlag schafft auf Steilhängen die Feinerde weg, nimmt dem Boden die Grundlage zum Heranwachsen wuchsfreudiger, geradeschäftiger Stämme und degradiert den Rotbuchen-Mischwald wieder zurück in die Richtung des Legföhrenwaldes.

Diese Zusammenhänge müssen von der Forstwirtschaft insbesondere dort beachtet werden, wo auf Hängen mit gleicher Neigung mosaikartig Legföhrenwälder und hochwüchsige Rotbuchen-Mischwälder aneinander grenzen. Oft handelt es sich hier um schmale Riemenparzellen, die verschiedenen Besitzern gehören, von denen die einen sehr pfleglich den Wald bewirtschaften, ihn schonen und die anderen Raubwirtschaft betreiben.

Ein bodenbasischer Rotbuchen-Ausschlagwald, im bodenbasischen Lärchenwald aufgekommen.

(Laricetum basiferens / FAGETUM regerminatum.)

Der floristische Aufbau dieses Rotbuchen-Ausschlagwaldes ist gekennzeichnet durch das begleitende Auftreten der Lärche und das Fehlen wärmeliebender Holzarten, wie Eichen und Hainbuchen, in der Baumschicht. Im Niederwuchs finden wir neben den anspruchsvollen Laubwaldarten bodenbasische Arten in größerer Zahl, während Hochstauden und Farne mehr oder weniger zurücktreten.

Haushalt: Wir treffen diese Rotbuchenwälder sowohl in der oberen als auch in der mittleren Buchenstufe an und zwar auf steilen mehr oder weniger sonnig gelegenen Hängen, wo die Lärche sekundär die Vegetationsentwicklung zum Rotbuchen-Ausschlagwald eingeleitet hat. Dies ist meist auf steilen Lawinenhängen der Fall, wo die Lärche als hochstämmige Holzart am ehesten in der Lage ist, den trocken gewordenen Boden und den Schneeschub zu ertragen, wo aber die anderen Holzarten im Konkurrenzkampf mehr oder weniger ausgeschaltet sind, weil sie diesen Verhältnissen nicht gewachsen sind.

Beispiele:

Nr. der Aufnahme	1	2
Meereshöhe in Metern	540	778
Himmelslage	O	O
Neigung in Graden	30	30
Baumschicht:		
Fagus silvatica	5.5	4.5
Larix decidua	1.1	1.1
Strauchschicht:		
Picea excelsa	1.1	1.1
Fraxinus excelsior	1.1	1.1
Fagus silvatica	1.1	
Acer Pseudoplatanus	1.1	
Rhamnus Frangula	+	
Corylus Avellana		+

Nr. der Aufnahme	1	2
Meereshöhe in Metern	540	778
Himmelslage	O	O
Neigung in Graden	30	30
Niederwuchs:		
Calamagrostis varia	2.2	5.5
Carex alba	4.5	2.2
Hepatica nobilis	+.2	2.2
Adenostyles glabra	1.1	1.1
Prenanthes purpurea	1.1	1.1
Sesleria varia	+.2	1.2
Veronica latifolia	+	1.1
Campanula Trachelium	+	1.1
Buphthalmum salicifolium	+	1.1
Polygonatum verticillatum	+	1.1
Gentiana asclepiadea	+	+
Carduus defloratus	+	+
Betonica divulsa (= Stachys Jacquinii)	+	+
Pimpinella saxifraga	+	+
Convallaria majalis	+	+
Anthericum ramosum	+	+
Senecio Fuchsii	+	+
Lastrea obtusifolia (= Dryopteris Robertiana)	+	+
Laserpitium latifolium	+	+
Galium Mollugo	+	+
Daphne Mezereum	+	+
Acer Pseudoplatanus		1.1
Knautia silvatica		+.2
Mercurialis perennis		+.2
Carex digitata	+.2	
Asplenium viride	+.2	
Galium silvaticum	+	
Thalictrum aquilegifolium	+	
Amelanchier ovalis	+	
Epipactis atrorubens	+	
Cynanchum Vincetoxicum	+	
Polygala Chamaebuxus	+	
Scabiosa lucida	+	
Solidago Virgaurea	+	

Nr. der Aufnahme	1	2
Meereshöhe in Metern	540	778
Himmelslage	O	O
Neigung in Graden	30	30
Picea excelsa	+	
Majanthemum bifolium	+	
Sorbus Aria	+	
Molinia arundinacea	+	
Laserpitium peucedanoides	+	
Aster Bellidiastrum	+	
Sorbus aucuparia	+	
Fagus silvatica		+
Polygonatum officinale		+
Rubus saxatilis		+
Origanum vulgare		+

Den Rotbuchenwald der Aufnahme Nr. 1 untersuchte ich auf einem 30° Ost geneigten steinigen Hang im Salzachtal südwestlich Paß Lueg.

Ich stelle diesen bodenbasischen Rotbuchenwald zum Weiß-Seggen-reichen Rotbuchen-Ausschlagwald, der nach Abhieb des kräuterreichen Rotbuchenwaldes unter Wegschwemmung des wasserhaltenden milden Buchenmullbodens sekundär aufgekommen ist. Ehemals ist der kräuterreiche Rotbuchenwald unter einem sekundären bodenbasischen Lärchenwald aufgekommen (Laricetum basiferens ↗ Fagetum herbosum ↘ FAGETUM regerminatum caricosum albae).

Die Rotbuche beherrscht völlig die Baumschicht, begleitet von nachdrängenden Rotbuchen in der Strauchschicht und vielen anspruchsvollen Arten: *Daphne Mezereum, Veronica latifolia, Gentiana asclepiadea, Buphthalmum salicifolium, Thalictrum aquilegifolium* und anderen.

Die Beziehung zum bodenbasischen Lärchenwald ist klar, denn er hat die Bewaldung eingeleitet. Die Lärche ist auch jetzt noch in der Baumschicht vertreten, im Unterwuchs begleitet von vielen bodentrockenen bodenbasischen Arten.

Wie kommt es nun, daß der Rotbuchenwald, der hinsichtlich seiner Klima- und Bodenansprüche eine so völlig andere Stellung einnimmt als der bodenbasische Lärchenwald, mit diesem in Beziehung steht?

Die Erklärung ist nicht schwer. Wir befinden uns hier im optimalen luftfeuchten Buchenklimagebiet, wo die Rotbuche sehr leicht ausschlagen kann. Dazu kommt, daß es sich hier um einen Niederwald handelt, der am steilen, durch Lawinen und Steinschlag gefährdeten Hang aufgekommen ist, nachdem die unvernünftig betriebene Forstwirtschaft in grenzenloser Raubwirtschaft auch diesen Steilhang kahlgeschlagen hatte.

Schematische Darstellung: Lärchenwald hält sich als Relikt auf steilen Abhängen, umgeben vom vordringenden Fichten-Rotbuchen-Tannen-Mischwald (Laricetum basiferens ↗ Piceetum ↗ Abieteto-Fagetum).

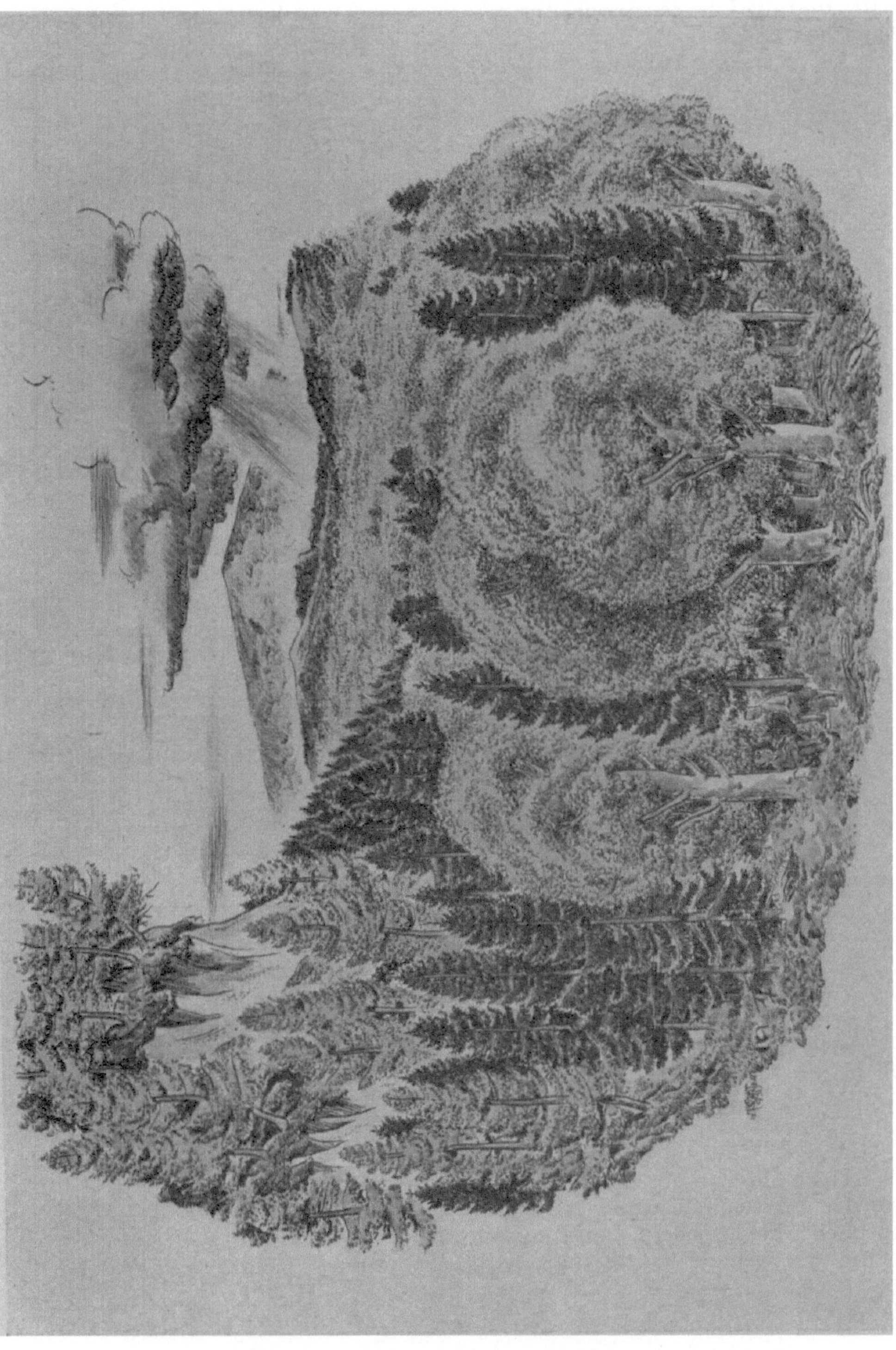

Die Lärche besiedelte wieder als Pionierwaldgesellschaft sekundär diesen trocken gewordenen, basischen Steilhang, weil sie den Schneeschub, den Steilhang und die Lawineneinwirkung ebenso gut ertragen kann wie den trockenen, basischen Boden.

Die Vegetationsentwicklung verlief über den Lärchenwald zum bodenbasischen Rotbuchen-Ausschlagwald, wie folgende schematische Darstellung der Vegetationsentwicklung aufzeigt:

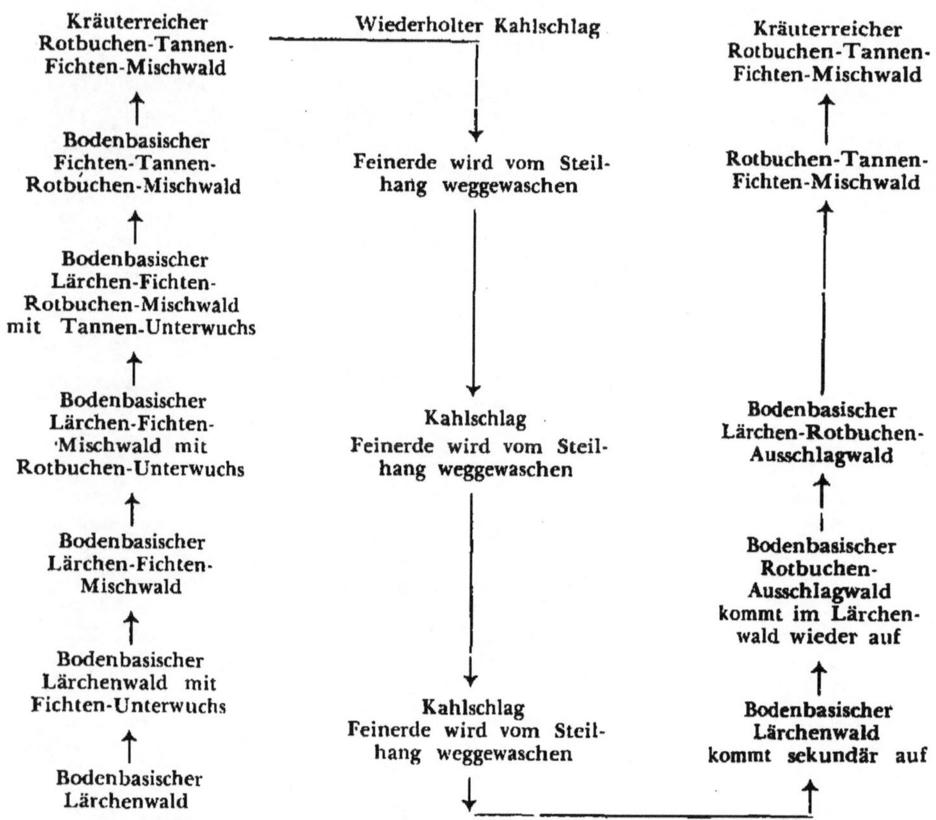

Es ist aber zu verstehen, daß von diesem Steilhang die Feinerde wieder weggewaschen und der Rotbuchenwald zum bodenbasischen Lärchenwald degradiert wird, wenn er kahlgeschlagen wird. Die Rotbuche vermag aber in diesem besonders luftfeuchten Klima wieder auszuschlagen und einen schlechtwüchsigen Niederwald aufzubauen.

Der Haushalt ist also gekennzeichnet durch seine Lage im optimalen Klimagebiet der Buchenstufe, durch den trockenen basischen Boden und seine Stellung als Ausschlagwald.

Alpeneinwärts läßt die Luftfeuchtigkeit immer mehr nach und wir sehen, wie der Lärchenwald unter sonst gleichen Verhältnissen sich nicht mehr zum Rotbuchenwald, sondern zum Bergahornwald entwickelt, weil der Rotbuche das mehr oder weniger kontinentale Klima des Alpeninneren nicht mehr zusagt.

W i r t s c h a f t l i c h e F o l g e r u n g e n : Dieser Wald darf auf keinen Fall kahlgeschlagen werden, weil durch Lawineneinwirkung die Verjüngung nicht aufkommen kann und der Boden durch Abwaschung der Feinerde seine Güte, nämlich seinen Wasser- und Nährstoffhaushalt, verliert. Wir haben es hier mit einem Schutzwald zu tun, der besonders pfleglich behandelt werden muß. Die Nutzung darf nur in Einzelentnahme erfolgen. Bergahorn und Tanne sollen als Mischhölzer angestrebt werden. Der Niederwald zeigt sehr ungünstiges Wachstum und soll in einen Hochwald übergeführt werden.

Zum Verständnis dieser Zusammenhänge ist noch der Hinweis wesentlich, daß die Rotföhre und die Fichte den Schneeschub und die Lawineneinwirkung nicht so gut ertragen können wie die biegsame Lärche; Eichen und Hainbuchen sagt der skelettreiche Kalkboden nicht zu.

Wird dieser Rotbuchenwald gelichtet, so breitet sich das Bunt-Reitgras auf Kosten der Weiß-Segge sehr aus, es kommt zur Bunt-Reitgras-Ausbildung, wie ich einen solchen Wald knapp ober unserer Aufnahme studieren konnte. Dieser gelichtete Rotbuchenwald hält weniger den Regen ab und jeder Regen spült Feinerde und Bodenleben ab. Damit verliert der Wald seinen Wasserhaushalt und wird zur bodentrockeneren Ausbildung herabgewirtschaftet. Sein floristischer Aufbau ist im Beispiel Nr. 2 (vgl. S. 29) aufgezeigt.

Ich stelle diesen Wald zum Bunt-Reitgras-reichen Rotbuchen-Ausschlagwald derselben Vegetationsentwicklung (Laricetum basiferens ↗ Fagetum herbosum ↘ FAGETUM regerminatum calamagrostidosum variae).

E i n s c h a f t d o l d e n r e i c h e r R o t b u c h e n - A u s s c h l a g w a l d.

Einen bodenbasischen Rotbuchen-Ausschlagwald untersuchte ich auf einem 30° geneigten Westhang nördlich Loiblpaß in 1300 m Seehöhe.

F l o r i s t i s c h e r A u f b a u :

B a u m s c h i c h t :

Fagus silvatica	5.5	*Acer Pseudoplatanus*	+
Abies alba	+		

S t r a u c h s c h i c h t :

Fagus silvatica	+	*Acer Pseudoplatanus*	+
Picea excelsa	+	*Lonicera alpigena*	+
Abies alba	+	*Lonicera nigra*	+

N i e d e r w u c h s :

Hacquetia Epipactis	4.4	*Gentiana asclepiadea*	1.2
Aposeris foetida	3.2	*Athyrium Filix-femina*	1.2
Cardamine trifolia	2.2	*Polystichum lobatum*	1.2
Anemone nemorosa	2.2	*Mercurialis perennis*	1.1
Adenostyles Alliariae	2.2	*Pulmonaria officinalis*	1.1
Fagus silvatica	2.1	*Salvia glutinosa*	1.1
Anemone ranunculoides	1.2	*Veronica latifolia*	1.1
Phyteuma Halleri	1.2	*Polygonatum verticillatum*	1.1
Calamagrostis varia	1.2	*Doronicum austriacum*	1.1

Senecio nemorensis	1.1	*Aruncus vulgaris*	+
Dryopteris Filix-mas	1.1	*Adenostyles glabra*	+
Paris quadrifolia	+	*Saxifraga cuneifolia*	+
Acer Pseudoplatanus	+	*Valeriana tripteris*	+
Carex silvatica	+	*Buphthalmum salicifolium*	+
Dentaria enneaphyllos	+	*Campanula Trachelium*	+
Dentaria bulbifera	+	*Myrrhis odorata*	+
Polygonatum multiflorum	+	*Lathyrus ochraceus*	+
Euphorbia amygdaloides	+	*Digitalis grandiflora*	+
Daphne Mezereum	+	*Veratrum album*	+

Ich stelle diesen Wald zum schaftdoldenreichen Rotbuchen-Ausschlagwald, der sich über einen zum bodenbasischen Lärchenwald in Beziehung stehenden Fichtenwald ehemals heraufentwickelt hatte und durch Niederwaldbetrieb vom hochstaudenreichen Rotbuchen-Tannen-Mischwald herabgewirtschaftet wurde (Piceetum laricetosum basiferens ↗ Abieteto-Fagetum altherbosum ↘ FAGETUM hacquetiosum Epipactis regerminatum).

Das Hervortreten der vielen Hochstauden trotz steiler schneearmer Westlage hängt mit der Lage am Nordausgang des Loiblpasses zusammen. Durch diesen dringt die vom Mittelmeer kommende ozeanische, mit Feuchtigkeit geschwängerte Luft ins Alpeninnere.

Auch in diesem Walde herrscht die Rotbuche, begleitet von Tanne und Bergahorn, aber sein Haushalt unterscheidet sich ganz wesentlich von dem am Nordhang gelegenen bodenfeuchten Rotbuchen-Tannenmischwald, den ich Seite 87 beschrieben habe.

Schaftdolde *(Haquetia Epipactis)*, eine Charakterart des Illyrischen Rotbuchenwaldes.

Der Hang ist hier viel steiler und der Schneeschub viel größer, der Westhang wird von der Sonne beschienen und bietet daher auch Sträuchern und lichtbedürftigeren Pflanzen Lebensmöglichkeiten.

So treten hier im Unterwuchs die voralpinen Hochstauden und Farne zurück, dafür aber lichtbedürftigere Arten wie *Hacquetica Epipactis, Anemone ranunculoides, Pulmonaria officinalis, Polygonatum multiflorum, Buphthalmum salicifolium, Calamagrostis varia* hervor.

Der Haushalt dieses Waldes ist gekennzeichnet durch den geringeren Wasserhaushalt, insbesondere aber durch den günstigen Licht- und Wärmehaushalt. Die Schneebedeckung ist kurz, weil der Schnee vom Steilhang abrutscht und daher ist auch die Vegetationszeit lang.

Hinsichtlich des Ganges der Vegetationsentwicklung und der wirtschaftlichen Folgerungen kann folgendes gesagt werden.

Hier konnte die Lärche die Vegetationsentwicklung einleiten, zumal sie Schneeschub, Lawinengang, Steinschlag und geringeren Wasserhaushalt gut ertragen kann.

Großkahlschlag würde sich hier noch ungünstiger auswirken, weil der Hang steiler ist, die Feinerde noch leichter weggewaschen werden und die Sonne dem Boden völlig den Wasserhaushalt nehmen würde.

Der ungünstigere Wasserhaushalt als im Rotbuchen-Unterhangwald dieses Gebietes findet seinen Ausdruck insbesondere im Fehlen von *Lamium Orvala, Actaea spicata, Cicerbita alpina, Athyrium alpestre.*

Ein zahnwurzreicher Rotbuchen-Tannenwald.

Einen zahnwurzreichen Rotbuchen-Tannenwald untersuchte ich im Teufelsgraben unterhalb Mittewald ob Villach in Kärnten auf einem 20° geneigten Nordhang in 600 m Seehöhe.

Floristischer Aufbau:

Baumschicht:

Fagus silvatica	Bestockung 0,7	*Picea excelsa*	Bestockung 0,1
Abies alba	Bestockung 0,2	*Pinus silvestris*	+

Niederwuchs:

Dentaria pentaphyllos	2.2	*Salvia glutinosa*	1.1
Lastrea obtusifolia (= Dryopteris Robertiana)	2.2	*Carex alba*	1.1°
Dentaria enneaphyllos	2.1	*Carex digitata*	+.2
Asperula odorata	1.2	*Adenostyles glabra*	+.2
Dentaria bulbifera	1.2	*Prenanthes purpurea*	+
Aruncus vulgaris	1.2	*Valeriana tripteris*	+
Actaea spicata	1.2	*Hepatica nobilis*	+
Homogyne silvestris	1.2	*Listera ovata*	+
Oxalis Acetosella	1.2	*Anemone trifolia*	+
Mercurialis perennis	1.1	*Carduus defloratus*	+
Daphne Mezereum	1.1	*Erica carnea*	+
		Polygala Chamaebuxus	+

Ich stelle diesen Wald zum zahnwurzreichen Rotbuchen-Tannen-Mischwald, der sich über einen zum bodenbasischen Rotföhrenwald in Beziehung stehenden Fichtenwald heraufentwickelt hat und sich früher oder später zum hochstaudenreichen Rotbuchen-Tannenwald entwickeln würde (Piceetum pinetosum silvestris basiferens ↗ Abieteto-FAGETUM dentariosum ↗ Abieteto-Fagetum altherbosum).

Wir haben es hier mit einem Rotbuchenwald zu tun, dessen Baumschicht die Rotbuche beherrscht, begleitet von lebenskräftig wachsenden Tannen.

Dieser Wald hat sich im Sinne folgender schematischen Darstellung über einen Rotföhrenwald heraufentwickelt.

Kräuterreicher Rotbuchen-Tannen-Mischwald

↑

Kräuterreicher Rotbuchen-Mischwald
mit Tannen-Unterwuchs

↑

Bodenbasischer Fichten-Rotbuchen-Mischwald

↑

Bodenbasischer Rotföhren-Fichten-Mischwald
mit Rotbuchen-Unterwuchs

↑

Erica-carnea-reicher Rotföhrenwald
mit Fichten-Unterwuchs

↑

Erica-carnea-reicher Rotföhrenwald

↑

Erica-carnea-Zwergstrauchheide

Ich habe diesen Wald mit dem Rotföhrenwald in Beziehung gebracht, weil ich damit den Entwicklungsgang über den bodenbasischen Rotföhrenwald andeuten wollte. Dazu habe ich auch die Berechtigung, weil ja die Rotföhre als Rest noch in der Baumschicht auftritt, wenn auch eingeengt von den Schattenholzarten und daher mit geringerer Lebenskraft. Sie ist im Unterwuchs begleitet von wenig lebenskräftigen Arten des bodenbasischen Rotföhrenwaldes, wie *Carex alba, Polygala Chamaebuxus, Erica carnea,* welche die Beschattung nicht ertragen können und auf Mullboden von anspruchsvolleren Arten verdrängt werden.

Der Haushalt dieses Waldes ist gekennzeichnet durch seine Lage am Nordhang eines luftfeuchten Grabens der oberen Buchenstufe und durch den guten Wasser- und Nährstoffhaushalt. Es lassen die Arten *Aruncus vulgaris* und *Actaea spicata* die große Luftfeuchtigkeit und die Charakterarten des Rotbuchenwaldes guten Wasser- und Nährstoffhaushalt erkennen.

Der Gang der Vegetationsentwicklung erklärt sich folgendermaßen:

Die *Erica-carnea*-Zwergstrauchheide besiedelt als Pioniergesellschaft den ursprünglich sehr trockenen Dolomitboden. Die Rotföhre kommt hinein, wird hoch und schließt sich, den Boden leicht beschattend und versauernd, zusammen. Damit bekommt der Boden eine wasserhaltende Kraft, versauert oberflächlich und bietet verschiedenen Moosen, insbesondere aber auch der Fichte Lebensmöglichkeiten. Freilich kränkelt die Fichte noch anfangs, aber langsam mit zunehmender Bodenverbesserung durch den Bestandesabfall steigt die wasserhaltende Kraft des Bodens so sehr, daß sich schon ein reiches Bodenleben einfinden kann, das den Bestandesabfall langsam verarbeitet, den rohen Humus langsam in milden Humus überführt. Damit können auch schon anspruchsvollere Arten im Unterwuchs aufkommen: *Hieracium silvaticum, Melica nutans, Salvia glutinosa, Oxalis Acetosella, Majanthemum bifolium* und andere. So geht die Bodenentwicklung und Schritt für Schritt mit ihr die Vegetationsentwicklung weiter. Die Rotbuche, die früher nur wenig lebenskräftig im Niederwuchs aufkam und sich nicht in höhere Schichten hinaufwagen konnte, findet damit nun die Möglichkeit, mehr oder weniger lebenskräftig in die Strauchschicht und in die Baumschicht hineinzuwachsen, zuerst einzeln, dann horstweise und schließlich völlig die Herrschaft an sich reißend. Damit aber beschattet sie so sehr den Boden, daß die vielen lichtbedürftigen Arten, die zu Beginn der Bodenbildung und Vegetationsentwicklung die Bewaldung einleiteten, ihre Lebenskraft verlieren, eingeengt werden und schließlich den Platz räumen und damit den anspruchsvolleren Arten des Rotbuchenmischwaldes Platz machen.

Klebriger Salbei *(Salvia glutinosa)*.

So verläuft hier die Vegetationsentwicklung zum Rotbuchen-Mischwald, der unter den gegebenen Klimaverhältnissen den Höhepunkt der Waldentwicklung darstellt; vorausgesetzt, daß der wirtschaftende Mensch diesen natürlichen Entwicklungsgang nicht stört.

Leider ist dies hier aber meist nicht der Fall. Der Wald gehört in nur kleinen Anteilen der bäuerlichen Bevölkerung, die dringend Holz zum Haus- und Gutsbedarf und Streu für ihre Stallungen benötigt. Ohne Rücksicht auf

Nachhaltigkeit wird der Wald in allen Stadien der Vegetationsentwicklung seines Holzes und seiner Streu beraubt.

Man kann sich ja vorstellen, daß durch einen solchen Kahlschlag der Boden offen wird, die nur lockere Feinerde vom Steilhang durch den Regen heruntergewaschen wird, das Bodenleben zurückgeht, und der Boden damit seine Nahrungsgrundlage und seinen Wasserhaushalt verliert.

Fünfblättrige Zahnwurz *(Dentaria pentaphyllos)* im Rotbuchen-Tannen-Mischwald der älteren Bergsturzböden.

Die anspruchsvollen Arten des Niederwuchses verlieren damit die Grundlage ihres anspruchsvollen Lebens, sie verlieren ihre Lebenskraft, gehen ein, verschwinden und machen langsam jenen Arten Platz, welche den nährstoffarm und trocken gewordenen Boden ertragen und hier ihre Lebensbedürfnisse befriedigen können. So breiten sich langsam wieder die Arten aus, die wir in den jüngeren Stadien der Boden- und Vegetationsentwicklung kennen gelernt hatten, die im *Erica-carnea*-reichen Rotföhrenwald mehr oder weniger beheimatet sind. Dazu kommen aber auch Rohhumuspflanzen wie *Vaccinium Myrtillus, Vaccinium Vitis-idaea, Potentilla erecta, Pirola secunda, Pleurozium Schreberi, Dicranum scoparium, Polytrichum juniperinum* und andere.

Damit vollzieht sich da und dort auf diesem Steilhang durch Eingriffe die Waldverwüstung vom anspruchsvollen Rotbuchen-Mischwald zur sekundären *Erica-carnea*-Heide, und zwar um so rascher, je steiler der Hang ist. Besonders schnell aber, wenn Streunutzung die Waldverwüstung beschleunigt.

Hören die waldverwüstenden Eingriffe auf, so läßt sich verfolgen, daß langsam Schritt für Schritt die Boden- und Vegetationsentwicklung in die Richtung des anspruchsvollen Rotbuchenmischwaldes verläuft. Die anspruchslosen Arten gehen wieder zurück und machen langsam anspruchsvolleren Pflanzen Platz.

So herrscht in diesen Bauernwäldern ein immerwährendes Kommen und Gehen, ein Aufstieg und Abstieg, der sich sehr schön in den einzelnen Stadien der Vegetationsentwicklung verfolgen läßt, den wir beachten müssen, wenn wir den Wald verstehen und die für die Bewirtschaftung des Waldes richtigen Schlüsse ziehen wollen.

Wirtschaftliche Folgerungen: Aus dem floristischen Aufbau dieses Rotbuchenmischwaldes, dem Gang der Bodenbildung und Vegetationsentwicklung müssen wir den Schluß ziehen, daß alle Eingriffe zu unterlassen sind, welche den Wasserhaushalt des Waldes stören.

Wir müssen den Wald so dunkel als möglich halten und jeden Kahlschlag unterlassen, um den Wasserhaushalt des Bodens zu erhalten.

Aus wirtschaftlichen Gründen werden wir der Tanne und Fichte einen sehr großen Platz einräumen und die Rotbuche auf 20% zurückdrängen können, ohne die Bodengüte zu gefährden.

Bei der Verjüngung der Tanne müssen wir besonders vorsichtig vorgehen, weil jede zu starke Lichtung die Bodenfrische herabsetzt und die Tannenjugend gefährdet, ganz abgesehen davon, daß dadurch die Rohhumusbildung begünstigt wird und an Stelle der Tanne sich die Fichte verjüngt.

Auch die Fichten-Naturverjüngung wird uns nicht in allen Stadien dieser Waldentwicklung gelingen. Am besten wohl dann, wenn im Unterwuchs die für den Fichtenwald bezeichnenden Strauchmoose mehr oder weniger den Boden bedecken, begleitet von *Goodyera repens*, *Oxalis Acetosella* und anderen, dieses Fichtenwald-Verjüngungsstadium bezeichnenden Arten. In einem jungen Stadium dieser Vegetationsentwicklung, in dem noch *Erica carnea* stark hervortritt, werden wir die Fichte nicht verjüngen können, weil ihr in diesem Stadium der Bodenbildung und Vegetationsentwicklung der Boden noch zu trocken ist.

In einem sehr vorgeschrittenen Stadium des anspruchsvollen Rotbuchenmischwaldes werden wir die Fichte nicht verjüngen können, weil ihr hier der zu wenig saure, zu nährstoffreiche Boden nicht zusagt. Darin liegt ja der Grund, weshalb die Fichtenverjüngung gerade auf den besten Böden nicht gelingt, wir aber sofort Erfolg haben, wenn wir durch verschiedene Eingriffe die Bodengüte oberflächlich herabsetzen und Rohhumus schaffen.

Ein Weiß-Seggen-reicher Rotbuchen-Tannenwald.

Einen Weiß-Seggen-reichen Rotbuchen-Tannen-Mischwald untersuchte ich auf einem 35° geneigten Nordhang im Lechnergraben bei Lunz am See.

Floristischer Aufbau:

Baumschicht:

Fagus silvatica Bestockung 0,6
Abies alba Bestockung 0,2
Picea excelsa Bestockung 0,2

Strauchschicht:

Picea excelsa	+	*Acer Pseudoplatanus*	+

Niederwuchs:

Carex alba	3.2	*Gentiana asclepiadea*	+
Mercurialis perennis	2.2	*Polystichum lobatum*	+
Galium silvaticum	1.2	*Lastrea obtusifolia (= Dryopteris Robertiana)*	+
Dentaria enneaphyllos	1.1	*Senecio Fuchsii*	+
Mycelis muralis	1.1	*Valeriana tripteris*	+
Euphorbia amygdaloides	1.1	*Ranunculus lanuginosus*	+
Sanicula europaea	1.1	*Hepatica nobilis*	+
Primula elatior	1.1	*Astrantia major*	+
Prenanthes purpurea	1.1	*Cephalanthera alba*	+
Adenostyles glabra	1.1	*Helleborus niger*	+
Oxalis Acetosella	+.2	*Cirsium Erisithales*	+
Asperula odorata	+	*Sesleria varia*	+
Fagus silvatica	+	*Aster Bellidiastrum*	+
Viola silvestris	+	*Betonica divulsa (= Stachys Jacquinii)*	+
Lamium Galeobdolon	+	*Carduus defloratus*	+
Dentaria bulbifera	+	*Melampyrum silvaticum*	+
Daphne Mezereum	+	*Asplenium viride*	+
Melica nutans	+	*Sorbus aucuparia*	+
Thalictrum aquilegifolium	+		
Polygonatum verticillatum	+		
Saxifraga cuneifolia	+		

Ich stelle diesen Wald zum bodenbasischen Weiß-Seggen-reichen Rotbuchen-Tannen-Mischwald, der sich über einen mit dem Legföhren-Buschwald in Beziehung stehenden bodenbasischen Fichtenwald heraufentwickelt hat und sich früher oder später zum kräuterreichen Rotbuchen-Tannenwald weiter entwickeln würde (Piceetum basiferens pinetosum Mugi ↗ Abieteto-FAGETUM caricosum albae ↗ Abieteto-Fagetum herbosum).

Dieser Wald hat sich über einen Fichtenwald heraufentwickelt und besitzt im Oberboden einen verhältnismäßig geringen Wasserhaushalt. Das reichliche Auftreten der Weiß-Segge, begleitet von Blaugras *(Sesleria varia)*, Alpendistel *(Carduus defloratus)* und Lockerblütigem Zehrkraut *(Betonica divulsa = Stachys Jacquinii)* lassen diesen nicht optimalen Wasserhaushalt im Oberboden erkennen. Die Fichte tritt in der Baumschicht noch stark hervor, im Niederwuchs begleitet von Arten, die wir oft im Fichtenwald antreffen, wie *Prenanthes purpurea, Melampyrum silvaticum, Polygonatum verticillatum, Oxalis Acetosella.*

Der Haushalt ist gekennzeichnet durch seine Lage am sehr luftfeuchten Nordhang der oberen Buchenstufe, durch den mehr oder weniger trockenen Oberboden und durch den guten Nährstoffhaushalt.

Der Gang der Vegetationsentwicklung läßt sich aus vergleichenden Untersuchungen der Umgebung des Waldes ohne weiteres erschließen und ist aus folgender schematischen Darstellung zu ersehen.

Kräuterreicher Rotbuchen-Tannen-Mischwald

↑

Kräuterreicher Rotbuchen-Fichten-Mischwald
mit Tannen-Unterwuchs.

↑

Kräuterreicher Fichtenwald mit Rotbuchen-Unterwuchs

Bodenbasischer Fichtenwald

↑

Bodenbasischer Legföhrenwald

Der Fichtenwald dieser schematischen Darstellung hat nur den Charakter eines Stadiums.

Wirtschaftliche Folgerungen: Dieser Wald muß besonders pfleglich bewirtschaftet werden, weil von diesem Steilhang bei Kahlschlag oder starker Durchlichtung die Feinerde abgewaschen wird und damit der Wald seinen guten Wasser- und Nährstoffhaushalt verliert. Dazu kommt, daß er hier, am steilen Nordhang, sehr unter Schneeschub und Lawineneinwirkung leidet.

Wirtschaftsziel sollte hier der Tannen-Fichten-Rotbuchen-Mischwald sein, dem wir auch den Bergahorn beimischen können.

Einen anderen Weiß-Seggen-reichen Rotbuchen-Tannenwald untersuchte ich in 1100 m Seehöhe auf einem 10–20° geneigten Nordhang am Torstein ober Lunz am See.

Floristischer Aufbau:

Baumschicht:

Fagus silvatica	Bestockung 0,7	*Picea excelsa*	Bestockung 0,1
Abies alba	Bestockung 0,2		

Strauchschicht:

Fagus silvatica	+

Niederwuchs:

Carex alba	2.3	*Dentaria enneaphyllos*	+
Adenostylles glabra	2.2	*Mycelis muralis*	+
Oxalis Acetosella	2.2	*Phyteuma spicatum*	+
Polygonatum verticillatum	2.1	*Neottia Nidus-avis*	+
Lamium Galeobdolon	1.1	*Luzula silvatica*	+
Cardamine trifolia	1.1	*Vaccinium Myrtillus*	+
Carex digitata	+.2	*Athyrium Filix-femina*	+
Fagus silvatica	+	*Valeriana tripteris*	+
Paris quadrifolia	+	*Helleborus niger*	+
Mercurialis perennis	+	*Veronica officinalis*	+

Ich stelle diesen Wald zum bodenbasischen, Weiß-Seggen-reichen Rotbuchen-Tannenwald, der sich auf jungem Bergsturzboden über einen bodenbasischen Fichtenwald primär entwickelt hat und sich früher oder später zum kräuterreichen Rotbuchen-Tannen-Mischwald entwickeln würde (Piceetum basiferens ↗ Abieteto-FAGETUM caricosum albae ↗ Abieteto-Fagetum herbosum).

Wir haben es hier mit einem Rotbuchen-Tannen-Mischwald zu tun, der auf einem verhältnismäßig jungen Bergsturzboden siedelt, dessen Wasserhaushalt mäßig ist. Sein Boden war ursprünglich sehr wasserdurchlässig und verliert bei jedem Kahlschlag immer wieder durch Abschwemmung die Feinerde und damit die wasserhaltende Kraft. Dies wird verständlich, wenn man bedenkt, daß es Tage gibt, wo 120 mm Regen fallen.

Die Weiß-Segge kennzeichnet diese oberflächlich mehr oder weniger bodentrockene Ausbildung des kräuterreichen Rotbuchenwaldes.

Ich habe diesem Wald den Fichtenwald vorangestellt, um anzuzeigen, daß die Vegetationsentwicklung über einen Fichtenwald zum Rotbuchenwald führte.

Adenostyles glabra ist besonders für basische, steinige Böden bezeichnend, die oberflächlich einen schlechten, in ihrer Wurzelschicht einen guten Wasserhaushalt besitzen. Die bodensauren Arten siedeln meist in kleinen Bodenmulden, in denen das Laub und der übrige Bestandesabfall zusammengeweht bzw. -gewaschen werden. Hier bleibt der Bestandesabfall mehr oder weniger roh liegen, weil das Bodenleben mit der Verarbeitung des gehäuften Materials nicht fertig wird.

D e r H a u s h a l t ist gekennzeichnet durch mehr oder weniger guten Wasser- und Nährstoffhaushalt.

D i e V e g e t a t i o n s e n t w i c k l u n g geht aus folgender schematischen Darstellung hervor:

Hochstaudenreicher Rotbuchen-Tannen-Mischwald

↑

Kräuterreicher Rotbuchen-Tannen-Mischwald

↑

Kräuterreicher Rotbuchen-Fichten-Mischwald
mit Tannen-Unterwuchs

↑

Kräuterreicher Fichtenwald
mit Rotbuchen-Unterwuchs

↑

Bodenbasischer Lärchen-Fichtenwald

↑

Bodenbasischer Lärchenwald
mit Fichten-Unterwuchs

↑

Bodenbasischer Lärchenwald

W i r t s c h a f t l i c h e F o l g e r u n g e n : Kahlschlag soll auf jeden Fall vermieden werden, weil dadurch die Feinerde oberflächlich leicht weggewaschen wird und der Boden zumindest oberflächlich seinen Wasser- und Nährstoffhaushalt durch Abschwemmung der Feinerde verliert.

Der Wasserhaushalt ist aber doch sehr wichtig, wenn auch dieser in tieferen Schichten günstiger ist, weil ja die junge Generation vorerst doch im Oberboden wurzelt. Unser Ziel muß hier der Tannen-Fichten-Rotbuchen-Mischwald sein, der unter diesen Klimaverhältnissen und jetzigen Bodenverhältnissen der beste Wirtschaftswald ist.

E i n k r ä u t e r r e i c h e r R o t b u c h e n - T a n n e n w a l d.

Einen kräuterreichen Rotbuchen-Tannen-Urwald untersuchte ich im eben gelegenen Rotwald in 800 m Seehöhe bei Lunz am See.

F l o r i s t i s c h e r A u f b a u :

B a u m s c h i c h t :

Fagus silvatica	Bestockung 0,6	*Picea excelsa*	Bestockung 0,1
Abies alba	Bestockung 0,2		

S t r a u c h s c h i c h t :

Fagus silvatica	+	*Picea excelsa*	+

N i e d e r w u c h s :

Oxalis Acetosella	3.2	*Carex silvatica*	+
Asperula odorata	2.1	*Prenanthes purpurea*	+
Fagus silvatica	2.1	*Lycopodium annotinum*	+
Lamium Galeobdolon	1.1	*Athyrium Filix-femina*	+
Sanicula europaea	1.1	*Dryopteris austriaca* ssp. *spinulosa*	+
Cardamine trifolia	1.1	*Ranunculus lanuginosus*	+
Polygonatum verticillatum	1.1	*Blechnum Spicant*	+
Lastrea Dryopteris (= *Dryopteris disjuncta*)	1.1	*Lycopodium Selago*	+
Viola silvestris	+	*Solidago alpestris*	+
Abies alba	+	*Lastrea Phegopteris* (= *Dryopteris Phegopteris*)	+
Carex digitata	+		

Ich stelle diesen Wald zum kräuterreichen Rotbuchen-Tannen-Mischwald, der sich über einen bodenbasischen Fichtenwald heraufentwickelt hat und vermutlich das Schlußglied dieser Waldentwicklung darstellt (Piceetum basiferens ↗ Abieteto-FAGETUM herbosum piceetosum).

Wie ist es nun möglich, daß in diesem vermeintlichen Schlußglied der Vegetationsentwicklung die Fichte, begleitet von bodensauren Arten einen so großen Anteil hat.

Es handelt sich hier um einen der Urwälder der Buchenwaldstufe der Nördlichen Kalkalpen. In diesen Urwäldern erfolgt keine Holznutzung, sondern der Wind wirft die gewaltigen Baumriesen nieder. Auf den vermoderten, mineralstoffarmen Baumleichen verjüngt sich die Fichte und sichert sich so im Urwald dieser Klimastufe einen eisernen Bestand.

Dem ist es zuzuschreiben, daß in diesem Urwald eine ganze Reihe bodensaurer Arten, insbesondere Sauerklee, hervortreten.

Wir haben es hier mit einem Urwald zu tun, der völlig plenterartig ungleichaltrig von 1—500 Jahren aufgebaut ist. Die Baumschicht geht daher von der Strauchschicht bis 50 m hoch hinauf. Dort wo der Wald sehr geschlossen ist, kommt zu wenig Licht auf den Boden und es bildet sich eine Auflagehumusschicht, in der die bodensauren Arten wurzeln. Diese finden sich aber nicht nur in dieser Auflagehumusschicht, sondern wurzeln insbesondere auch auf den vom Winde hingeworfenen, vermoderten Nadelholzstämmen.

Daraus ersehen wir, daß selbst über basischem Substrat im Urwald nicht überall Mullboden völlig den Boden bedeckt, sondern durch die niedergestreckten, vermoderten Stämme roher Boden den mulligen Boden überlagert.

Dieser Urwald steht unter Naturschutz und ist kein Wirtschaftswald.

Einen kräuterreichen Rotbuchen-Tannen-Mischwald über basischer Unterlage untersuchte ich in 1000 m Seehöhe ebener Lage ober Lunz am See.

Floristischer Aufbau:

Baumschicht:

Fagus silvatica	Bestockung 0,4	*Abies alba*	Bestockung 0,2
Picea excelsa	Bestockung 0,4		

Strauchschicht:

Fagus silvatica	5.5	*Picea excelsa*	1.1

Niederwuchs:

Oxalis Acetosella	3.2	*Luzula silvatica*	+
Asperula odorata	2.2	*Adenostyles glabra*	+
Vaccinium Myrtillus	2.2	*Athyrium Filix-femina*	+
Abies alba	1.1	*Dryopteris austriaca* ssp. *spinulosa*	+
Cardamine trifolia	1.1	*Lastrea Dryopteris (= Dryopteris disjuncta)*	+
Lycopodium annotinum	1.1	*Polystichum lobatum*	+
Polygonatum verticillatum	1.1	*Senecio Fuchsii*	+
Mercurialis perennis	+	*Blechnum Spicant*	+
Fagus silvatica	+	*Picea excelsa*	+
Paris quadrifolia	+	*Sanicula europaea*	+
Lamium Galeobdolon	+		
Acer Pseudoplatanus	+		
Carex silvatica	+		

Ich stelle diesen Wald zum kräuterreichen Rotbuchen-Tannen-Mischwald, der sich über einen bodenbasischen Fichtenwald heraufentwickelt hat und vermutlich das Schlußglied dieser Waldentwicklung vorstellt (Piceetum basiferens ↗ Abieteto-FAGETUM herbosum piceetosum).

Wenn in diesem Walde die bodensauren Arten stärker hervortreten, insbesondere Heidelbeere *(Vaccinium Myrtillus)* und Sprossender Bärlapp *(Lycopodium annotinum)*, so hängt dies mit der größeren Höhenlage, der damit verbundenen kürzeren Vegetationszeit und dem damit verbundenen höheren Fichtenanteil zusammen.

W i r t s c h a f t l i c h e F o l g e r u n g e n :

Unser Ziel muß sein, den Rotbuchen-Tannen-Fichten-Mischwald zu erhalten und in pfleglicher Wirtschaft den Wasser- und Nährstoffhaushalt zu heben.

E i n R o t b u c h e n w a l d, i m E i c h e n - H a i n b u c h e n w a l d a u f g e k o m m e n.

F l o r i s t i s c h e r A u f b a u : In der Baumschicht finden wir neben den herrschenden Rotbuchen insbesondere Eichen und Hainbuchen als begleitende Holzarten. Im Niederwuchs unterscheidet sich dieser Rotbuchenwald vom bodenfeuchten Rotbuchenwald durch das Fehlen der bodenfeuchten Arten. Die anspruchsvollen Laubwaldarten sind auch hier in größerer Zahl vertreten; daneben finden wir aber auch Eichenwaldarten, bodentrockene und bodensaure Arten.

H a u s h a l t : Diesen Rotbuchenwaldtyp treffen wir nur in der warmen Buchenstufe unterer Lagen.

E n t w i c k l u n g : Auch hier können verschiedene anspruchslosere bodentrockenere Waldgesellschaften die Entwicklung zu diesem Wald eingeleitet haben. Der Eichen-Hainbuchenwald bildete das dem Rotbuchenwald vorhergehende Stadium der Vegetationsentwicklung. Im Bezug auf den Lichthaushalt sind die vorausgegangenen Wälder anspruchsvoller. Sie werden daher in der Vegetationsentwicklung vom Rotbuchenwald und schließlich vom Tannenwald abgelöst.

Einen bodenbasischen kräuterreichen Rotbuchenwald untersuchte ich im Vorderen Wienerwald auf einem 30° geneigten Osthang im Kiental ober Hinterbrühl bei Mödling in 230 m Seehöhe.

F l o r i s t i s c h e r A u f b a u :

B a u m s c h i c h t :

Fagus silvatica	5.5	*Quercus petraea*	+
Carpinus Betulus	1.1	*Quercus pubescens*	+
Pinus nigra	+	*Sorbus Aria*	+
Fraxinus excelsior	+	*Acer platanoides*	+

S t r a u c h s c h i c h t :

Fagus silvatica	+	*Evonymus verrucosa*	+
Acer campestre	+	*Evonymus latifolia*	+
Corylus Avellana	+	*Ulmus campestris*	+
Fraxinus excelsior	+	*Viburnum Lantana*	+
Acer platanoides	+	*Rosa arvensis*	+
Cornus mas	+		

N i e d e r w u c h s :

Asperula odorata	2.2	*Stellaria Holostea*	1.2
Mercurialis ovata	1.2	*Lamium Galeobdolon*	1.1
Galium silvaticum	1.2	*Melica uniflora*	1.1

Primula elatior	1.1
Viola mirabilis	1.1
Dactylis Aschersoniana	1.1
Hepatica nobilis	1.1
Hedera Helix	1.1
Poa nemoralis	+.2
Salvia glutinosa	+
Mycelis muralis	+
Viola silvestris	+
Geranium Robertianum	+
Hieracium silvaticum	+
Euphorbia amygdaloides	+
Bromus ramosus ssp. *Benekeni*	+
Lathyrus vernus	+
Carex digitata	+
Campanula Trachelium	+
Melittis Melissophyllum	+
Coronilla Emerus	+
Veratrum nigrum	+
Campanula persicifolia	+
Cephalanthera rubra	+
Digitalis grandiflora	+
Pimpinella major	+
Laserpitium latifolium	+

Ich stelle diesen Wald zur Hainbuchen-Ausbildung des kräuterreichen Rotbuchenwaldes, der im Flaumeichen-Traubeneichen-Hainbuchenwald hochgekommen ist und sich früher oder später zum kräuterreichen Rotbuchen-Tannen-Mischwald entwickeln würde (Querceto petraeae pubescentis-Carpinetum basiferens ↗ FAGETUM carpinetosum ↗ Abieteto-Fagetum).

Wir haben einen Rotbuchenwald vor uns, der sich über einen Flaumeichenwald zum Traubeneichen-Hainbuchen-Mischwald heraufentwickelt hat. Diese Vegetationsentwicklung ist so zu verstehen:

Hier wurde der Flaumeichen-Traubeneichen-Wald im Niederwaldbetrieb bewirtschaftet. Er konnte sich daher auf diesem mehr oder weniger trockenen steilen Hang solange nicht weiter zum anspruchsvollen Wald hinaufentwickeln, solange durch den Niederwaldbetrieb der Boden in kurzen Abständen immer wieder offen und die Feinerde abgewaschen wurde. Damit kam der Boden nicht in die Lage, einen für das Aufkommen anspruchsvollerer Hölzer geeigneten Wasser- und Nährstoffhaushalt aufzubauen. Erst mit Abgehen vom Niederwaldbetrieb bleibt der Bestandesabfall liegen und langsam erhöht der Boden seinen Wasser- und Nährstoffhaushalt. Damit kommt die Hainbuche auf, begleitet von Sträuchern und Kräutern, die an den Wasserhaushalt schon größere Ansprüche stellen. Sie überschirmen ihrerseits den Boden und geben ihm durch ihren Bestandesabfall in zunehmendem Maße einen besseren Wasser- und Nährstoffhaushalt. Dies geschieht insbesondere dadurch, daß mit Zunahme des Wasserhaushaltes im Boden ein Leben von Bodentieren und Pflanzen einziehen kann, welches den Bestandesabfall in milden Humus und schließlich in Buchenmullboden überführt.

Damit schloß sich langsam der Wald und die lichtbedürftigen Arten der Baum- und Strauchschicht und des Niederwuchses wurden von denjenigen Arten verdrängt, die größere Beschattung ertragen können. So setzte sich schließlich der Rotbuchenwald durch, der seine Beziehung zum Eichen-Hainbuchenwald allmählich verlieren und Beziehungen zum Tannenwald erhalten wird.

Der Haushalt dieses Rotbuchenwaldes ist gekennzeichnet durch seine klimatische Lage an der unteren Grenze der Buchenstufe im Grenzgebiet gegen das kontinentale Ostgebiet und durch seinen guten Wasser- und Nährstoffhaushalt.

Wirtschaftliche Folgerungen: Dieser Wald konnte erst nach Abgehen von der extensiven Niederwaldwirtschaft langsam einen Wasser- und Nährstoffhaushalt aufbauen. Die Forstwirtschaft muß daher, um diese Bodengüte zu erhalten und zu heben, den Wald so pfleglich als möglich bewirtschaften. Kahlschlagbetrieb darf ebensowenig einsetzen wie Streunutzung. Erst wenn die bodentrockenen, lichtbedürftigen Arten von den anspruchsvollen krautigen, schattenfesten Arten verdrängt wurden, können wir mit Aussicht auf Erfolg an die Einbringung der Tanne herangehen.

Einen Rotbuchenwald auf basischem Untergrund untersuchte ich beim Oberen Schönberghof bei Freiburg im Breisgau.

Floristischer Aufbau:

Baumschicht:

Fagus silvatica	5.5	*Quercus petraea*	+°
Abies alba	+	*Carpinus Betulus*	+°

Strauchschicht:

Ilex Aquifolium	3.3	*Crataegus monogyna*	+
Fagus silvatica	+	*Sorbus Aria*	+
Hedera Helix	+	*Prunus avium*	+
Carpinus Betulus	+	*Lonicera Xylosteum*	+
Viburnum Lantana	+	*Rosa arvensis*	+

Niederwuchs:

Dentaria heptaphylla	2.3	*Polygonatum multiflorum*	+
Convallaria majalis	2.3	*Neottia Nidus-avis*	+
Anemone nemorosa	2.3	*Melica nutans*	+
Asperula odorata	2.2	*Thalictrum aquilegifolium*	+
Phyteuma spicatum	2.2	*Pulmonaria officinalis*	+
Viola silvestris	1.2	*Melica uniflora*	+
Carex silvatica	1.1	*Euphorbia dulcis*	+
Euphorbia amygdaloides	1.1	*Bromus ramosus* ssp. *Benekeni*	+
Paris quadrifolia	+	*Ajuga reptans*	+
Abies alba	+	*Primula veris*	+
Carex digitata	+	*Potentilla sterilis*	+
Sanicula europaea	+		
Festuca silvatica	+		

Ich stelle diesen Wald zur Stechpalmenausbildung des zahnwurzreichen Rotbuchenwaldes, der sich über einen bodenbasischen Eichen-Hainbuchenwald heraufentwickelt hat und sich weiter zum Tannenwald entwickeln würde (Querceto-Carpinetum basiferens ↗ FAGETUM ilicetosum Aquifolii dentariosum heptaphyllae ↗ Abieteto-Fagetum).

Die besonders frostempfindliche Stechpalmen-Ausbildung zeigt uns, daß wir es mit einem Buchenwald des atlantischen Klimagebietes der unteren Buchenstufe zu tun haben.

Die Beziehung zum Tannenwald ist verständlich, denn die Tanne ist in der Baumschicht mit der herrschenden Rotbuche vergesellschaftet, verjüngt sich und zeigt sowohl in der Baumschicht als auch im Unterwuchs beste Lebenskraft.

Der Haushalt dieses Waldes ist durch seine Lage am steilen Südhang der unteren Buchenstufe, durch den mäßigen Wasser-, aber günstigen Nährstoffhaushalt gekennzeichnet.

Die Vegetationsentwicklung nahm, schematisch dargestellt, folgenden Weg:

Kräuterreicher
Rotbuchen-Tannen-Mischwald

↑

Kräuterreicher
Rotbuchenwald mit Tannen-Unterwuchs

↑

Kräuterreicher
Trauben-Eichen-Hainbuchenwald mit Rotbuchen-Unterwuchs

↑

Bodenbasischer Eichen-Hainbuchenwald

↑

Bodenbasischer Traubeneichenwald
mit Hainbuchen-Unterwuchs

↑

Bodenbasischer Traubeneichenwald

Die Vegetationsentwicklung wird dadurch ausgelöst, daß infolge Verarbeitung des Bestandesabfalles durch das Bodenleben die Bodengüte steigt und damit in zunehmendem Maße anspruchsvolle Arten aufkommen können.

Die Rotbuche als schattenfeste Holzart setzt sich, wenn sie ihre Bedürfnisse voll befriedigen kann, gegenüber den weniger schattenfesten Eichen und Hainbuchen durch und bietet auch der Tanne Lebensmöglichkeiten.

Der floristische Aufbau zeigt uns:

1. daß wir es mit einem kräuterreichen Rotbuchenwald zu tun haben;
2. daß dieser Wald in der unteren Buchenstufe liegt; denn Eiche, Hainbuche, Kirsche, Stechpalme, Maiglöckchen, Vielblütiges Salomonssiegel, Himmelschlüssel, Erdbeerartiges Fingerkraut, haben ihre Verbreitung nur in der unteren Buchenstufe;
3. daß den Bestandesrand dieses Waldes Eichen und Hainbuchen einsäumen;
4. daß es sich um eine Stechpalmen-Fazies handelt, die für das atlantische Klimagebiet besonders bezeichnend ist.

Wirtschaftliche Folgerungen: Da dieser Wald nur einen mäßigen Wasserhaushalt besitzt, der sich erst langsam im Zuge der Vegetationsentwicklung aufgebaut hat, müssen wir den Wald so pfleglich wie möglich unter Bedachtnahme auf die Hebung des Wasserhaushaltes bewirtschaften. Kahlschlagbetrieb muß auf jeden Fall vermieden werden, da ja die Feinerde am Steilhang vom Regen abgeschwemmt wird und der Boden aushagert.

Einen bodenbasischen kräuterreichen Rotbuchenwald untersuchte ich im Vorderen Wienerwald auf einem 10–15° geneigten Nordhang ober dem Kiental bei Mödling in 250 m Seehöhe.

Floristischer Aufbau:

Baumschicht:

Fagus silvatica, Bestockung	0,6	*Quercus petraea*	+
Pinus nigra, Bestockung	0,3	*Acer campestre*	+
Carpinus Betulus, Bestockung	0,1		

Strauchschicht:

Fagus silvatica	3.2	*Corylus Avellana*	+
Cornus mas	1.2	*Crataegus monogyna*	+
Fraxinus excelsior	1.1	*Laburnum anagyroides*	+
Acer campestre	+		

Niederwuchs:

Convallaria majalis	3.2	*Campanula Trachelium*	+
Sanicula europaea	2.2	*Ajuga reptans*	+
Veronica officinalis	2.2	*Carex alba*	+
Mercurialis ovata	2.1	*Cyclamen europaeum*	+
Hepatica nobilis	2.1	*Sorbus Aria*	+
Galium silvaticum	1.3	*Platanthera bifolia*	+
Hieracium silvaticum	1.1	*Dactylis Aschersoniana*	+
Euphorbia amygdaloides	1.1	*Melittis Melissophyllum*	+
Lilium Martagon	1.1	*Primula veris*	+
Asperula odorata	+	*Coronilla Emerus*	+
Phyteuma spicatum	+	*Veratrum nigrum*	+
Fagus silvatica	+	*Hedera Helix*	+
Polygonatum multiflorum	+	*Clematis recta*	+
Neottia Nidus-avis	+		

Ich stelle diesen Wald zum Maiglöckchen-reichen Rotbuchenwald, der im bodenbasischen Traubeneichen-Hainbuchenwald hochgekommen ist und sich zum kräuterreichen Rotbuchen-Tannen-Mischwald entwickeln würde (Querceto petraeae - Carpinetum basiferens ↗ FAGETUM convallariosum majalis ↗ Abieteto-Fagetum).

Die Rotbuche beherrscht hier die Baumschicht, in der die Schwarzföhre stark hervortritt. Ich habe aber trotzdem diesen Rotbuchenwald nicht zur Schwarzföhren-Ausbildung gestellt, weil die Schwarzföhre ihr starkes Hervortreten in der Baumschicht nicht der natürlichen Vegetationsentwicklung, sondern der Begünstigung durch den Menschen verdankt.

Aus Gründen der Harznutzung hat die Forstwirtschaft das Areal der Schwarzföhre erweitert. Ich habe diesen Rotbuchenwald zur Maiglöckchen-Fazies gestellt, da das Maiglöckchen gruppenweise wachsend, fast die Hälfte der Aufnahmefläche deckt und damit erkennen läßt, daß der Wald auf basischer Unterlage stockt.

Die bodensaure *Veronica officinalis* verdankt ihr reichliches Vorkommen der sauren Schwarzföhrennadelstreu, die da und dort örtlich Rohhumuslagen bildet.

Der Haushalt dieses Rotbuchenwaldes ist gekennzeichnet durch seine Lage am schattig gelegenen Nordhang der unteren Buchenstufe im unteren Grenzgebiet des Rotbuchenvorkommens und durch den mehr oder weniger guten Wasser- und Nährstoffhaushalt.

Wirtschaftliche Folgerungen: Die so reichliche Schwarzföhrenbeimischung könnte hier beseitigt und an ihrer Stelle in pfleglicher Wirtschaft die Tanne aufgebracht werden.

Im Interesse der Harznutzung könnten wir aber auch einen reinen Schwarzföhrenforst aufbringen, müßten aber aus Gründen des Bodenschutzes einen Rotbuchen- oder Hainbuchen-Zwischenbestand belassen. Wir könnten aber auch eine Eichennutzholzwirtschaft betreiben und ebenfalls Rotbuche und Hainbuche als Bodenschutz belassen.

Einen bodenbasischen Rotbuchenwald der warmen unteren Buchenstufe untersuchte ich in 430 m Seehöhe auf einem 10° nach Osten geneigten Hang bei Mödling (Vorderer Wienerwald).

Floristischer Aufbau:

Baumschicht: Bestockung 0,7

Fagus silvatica	Bestockung 0,7	*Quercus petraea*	+
Carpinus Betulus	Bestockung 0,1	*Acer Pseudoplatanus*	+
Pinus nigra	Bestockung 0,1	*Ulmus laevis (= U. effusa)*	+
Fraxinus excelsior	Bestockung 0,1		

Strauchschicht:

Fagus silvatica	3.1	*Cornus sanguinea*	+
Acer campestre	1.1	*Sorbus aucuparia*	+
Fraxinus excelsior	1.1	*Ulmus laevis (= effusa)*	+
Acer Pseudoplatanus	1.1	*Coronilla Emerus*	+
Corylus Avellana	+	*Laburnum anagyroides*	+

Niederwuchs:

Asperula odorata	2.2	*Cephalanthera alba*	+
Mycelis muralis	1.1	*Cyclamen europaeum*	+
Campanula Trachelium	1.1	*Vinca minor*	+
Hieracium silvaticum	+	*Hepatica nobilis*	+
Sanicula europaea	+	*Hedera Helix*	+
Phyteuma spicatum	+	*Heracleum Sphondylium*	+
Salvia glutinosa	+	*Campanula rapunculoides*	+
Fagus silvatica	+	*Carex alba*	+
Geranium Robertianum	+	*Platanthera bifolia*	+
Neottia Nidus-avis	+	*Veratrum nigrum*	+
Bromus ramosus subsp. *Benekeni*	+	*Daphne Laureola*	+
		Cyclamen europaeum	+
Lathyrus vernus	+	*Clematis recta*	+
Acer platanoides	+		

Ich stelle diesen Wald zur Hainbuchen-Ausbildung des kräuterreichen bodenbasischen Rotbuchenwaldes, der über einen Traubeneichen-Hainbuchenwald hochgekommen ist und sich weiter zum Rotbuchen-Tannen-Mischwald entwickeln würde (Querceto petraeae - Carpinetum basiferens ↗ FAGETUM carpinetosum herbosum ↗ Abieteto-Fagetum).

Wir erkennen am Auftreten der Buchenwald-Charakterarten und an der überaus reichlichen Verjüngung der Rotbuche, daß wir es hier mit einem natürlichen Rotbuchenwald zu tun haben.

Am Auftreten der Schwarzföhren in der Baumschicht und der vielen bodentrockenen Arten wie *Carex alba, Platanthera bifolia, Coronilla Emerus*, erkennen wir, daß dieser Rotbuchenwald den Höhepunkt der Vegetationsentwicklung noch nicht erreicht hat.

Das vielblütige Salomonssiegel *(Polygonatum multiflorum)* deutet im Rotbuchen-Mischwald auf die warme Buchenstufe, in der auch Eiche und Hainbuche Lebensbedingungen finden.

Dieser Rotbuchenwald wächst auf einem von Haus aus sehr trockenen wasserdurchlässigen Kalkboden, der erst durch den Bestandesabfall von vielen Waldgenerationen die jetzige Bodengüte, insbesondere die schon mehr oder weniger gute Wasserhältigkeit bekommen hat. Diese Bodengüte wurde also erst langsam in den Jahrhunderten erworben. Sie ist aber sehr unbeständig, d. h. sie vermag sich nur bei sehr pfleglicher, auf die Hebung des Wasserhaushaltes Bedacht nehmender Wirtschaft zu halten. Sie sinkt aber sofort herunter, wenn durch Kahlschlag, Streunutzung und andere Eingriffe dem Boden die Wasserhältigkeit genommen wird.

Damit kommen wir zur Vegetationsentwicklung, die hier auf dem sehr trockenen Kalkboden mit der Hebung der Wasserhältigkeit des Bodens durch Anhäufung des Bestandesabfalles zusammenfällt.

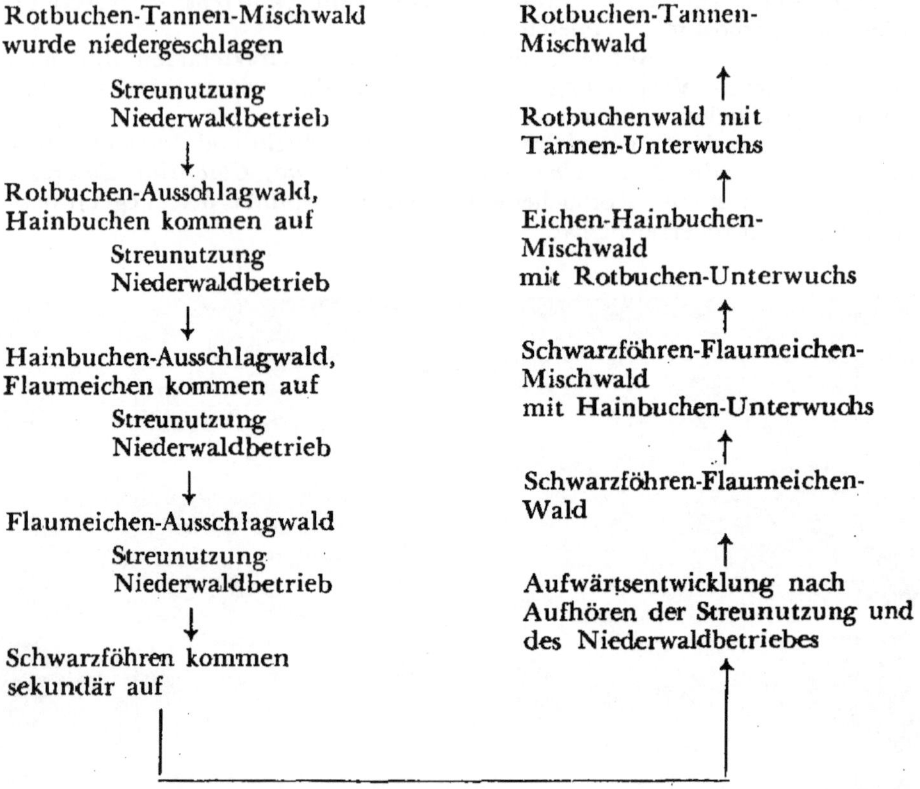

Rotbuchen-Tannen-Mischwald
wurde niedergeschlagen

Streunutzung
Niederwaldbetrieb

↓

Rotbuchen-Ausschlagwald,
Hainbuchen kommen auf

Streunutzung
Niederwaldbetrieb

↓

Hainbuchen-Ausschlagwald,
Flaumeichen kommen auf

Streunutzung
Niederwaldbetrieb

↓

Flaumeichen-Ausschlagwald

Streunutzung
Niederwaldbetrieb

↓

Schwarzföhren kommen
sekundär auf

→

Aufwärtsentwicklung nach
Aufhören der Streunutzung und
des Niederwaldbetriebes

↑

Schwarzföhren-Flaumeichen-
Wald

↑

Schwarzföhren-Flaumeichen-
Mischwald
mit Hainbuchen-Unterwuchs

↑

Eichen-Hainbuchen-
Mischwald
mit Rotbuchen-Unterwuchs

↑

Rotbuchenwald mit
Tannen-Unterwuchs

↑

Rotbuchen-Tannen-
Mischwald

Die rückläufige Vegetationsentwicklung vom Rotbuchen-Tannen-Mischwald über den Rotbuchen-Ausschlagwald zum Hainbuchen-Ausschlagwald und weiter zum Flaumeichen-Ausschlagwald erklärt sich folgend.

Die Rotbuche erträgt im Vorderen Wienerwald an der Grenze ihrer Verbreitung die Streunutzung und den Ausschlagbetrieb nicht sehr gut. So verlichtet der Rotbuchenwald und bietet damit in rückläufiger Entwicklung der Hainbuche Verjüngungsmöglichkeiten. Der fortgesetzte Niederwaldbetrieb und die Streunutzung führen nun zum Hainbuchen-Ausschlagwald. Aber auch dieser Wald verarmte und verlichtete durch die fortgesetzte Streunutzung und den Niederwaldbetrieb so sehr, daß sich die Flaumeiche sekundär ansiedeln konnte.

Die weitere Streunutzung und der Niederwaldbetrieb verkarsteten so den Boden, daß sich die Schwarzföhre sekundär ansiedeln konnte.

Mit Aufhören der waldverwüstenden Eingriffe blieb das Laub liegen und damit verbesserte sich von Jahr zu Jahr der Boden. Damit konnte die Hainbuche aufkommen und lebenskräftig heranwachsen.

In dem nunmehr wasserhältigen, nährstoffreichen Boden konnten nun auch Rotbuchen im Unterwuchs aufkommen und damit die Vegetationsentwicklung zum kräuterreichen Rotbuchen-Tannen-Mischwald einleiten.

Greift also der Mensch durch Kahlschlag, Streunutzung oder andere, den Wasserhaushalt des Bodens störende Eingriffe ein, so drückt er den Rotbuchenwald je nach Stärke des Eingriffes zum Eichenmischwald, ja sogar zum Schwarzföhrenwald herab.

Dabei versteht es sich, daß ein solcher Rotbuchenwald um so unbeständiger ist, je steiler, je sonniger gelegen der von Haus aus trockene Kalkboden ist, während der Nordhang infolge seiner schattigeren Lage und seiner geringeren Wasserverdunstung auch schon von vorneherein viel günstigere Wasserhaushaltsverhältnisse besitzt.

Der beschriebene Wald stellt aber noch nicht den Höhepunkt der Vegetationsentwicklung dar, in dem auch die Tanne lebenskräftig aufkommen und zusammen mit der Rotbuche die Baumschicht beherrschen kann. Dies geht aus dem Vorkommen der vielen trockenen Boden ertragenden Pflanzen hervor.

Vegetationsverbreitung: Dieser Rotbuchenwald ist für den Ostrand der Alpen durch das Auftreten von *Pinus nigra, Laburnum anagyroides, Veratrum nigrum, Daphne Laureola, Cyclamen europaeum, Clematis recta* gekennzeichnet.

Er kommt aber hier nur in tiefen Lagen auf mehr oder weniger trockenen Kalkböden vor.

Waldbauliche Folgerungen: Die Schwarzföhre verdankt ihr starkes Hervortreten nicht den natürlichen Vegetationsbedingungen, sondern ausschließlich der Begünstigung durch den Menschen. Unter natürlichen Bedingungen könnte sie sich im Rotbuchenwald als lichtliebende Holzart nicht mehr halten, da sie die Beschattung der anspruchsvolleren Rotbuchen nicht ertragen könnte.

Die Harznutzung ist für unsere Volkswirtschaft so bedeutungsvoll, daß der Rotbuchenwald mit Schwarzföhren-Oberhölzern gerechtfertigt erscheint.

Die Tanne können wir im geschlossenen Unterbau noch nicht einbringen, weil der Wasserhaushalt des Bodens im ganzen genommen noch nicht hinreichend ist. Da aber, wie aus der Verteilung anspruchsvoller Arten in der Krautschicht hervorgeht, der Wasserhaushalt da und dort mosaikartig besser ist, kann die Tanne da und dort in diesen Mosaiken, die an dem mehr oder weniger geschlossenen Auftreten anspruchsvollerer Arten zu erkennen sind, aufkommen.

In der Flyschzone des Vorderen Wienerwaldes auf Glaukoniteozän untersuchte ich in 400 m Seehöhe bei Breitenfurt auf einem 10° geneigten Osthang einen 0,8 bestockten Rotbuchenwald.

Floristischer Aufbau:

Baumschicht:

Fagus silvatica Bestockung 0,5
Carpinus Betulus Bestockung 0,3
Quercus petraea Bestockung 0,2

Niederwuchs:

Melica uniflora	3.3	*Stellaria Holostea*	1.2
Mercurialis perennis	2.2	*Melampyrum nemorosum*	1.2

Polygonatum multiflorum	1.1	*Cephalanthera alba*	+
Galium silvaticum	1.1	*Dentaria bulbifera*	+
Dentaria enneaphyllos	1.1	*Abies alba*	+
Primula veris	1.1	*Elymus europaeus*	+
Hepatica nobilis	1.1	*Anemone ranunculoides*	+
Asperula odorata	+	*Arum maculatum*	+
Hieracium silvaticum	+	*Campanula Trachelium*	+
Sanicula europaea	+	*Ajuga reptans*	+
Phyteuma spicatum	+	*Dactylis Aschersoniana*	+
Salvia glutinosa	+	*Campanula persicifolia*	+
Fagus silvatica	+	*Lathyrus niger*	+
Mycelis muralis	+	*Prunus avium*	+
Lamium Galeobdolon	+	*Potentilla sterilis*	+
Viola silvestris	+	*Lathyrus vernus*	+
Geranium Robertianum	+	*Cardamine impatiens*	+
Poa nemoralis	+		

Ich stelle diesen Wald zur Hainbuchen-Ausbildung des Einblütig-Perlgrasreichen Rotbuchen-Mischwaldes, der sich über einen Traubeneichen-Hainbuchenwald heraufentwickelt hat und sich bei pfleglicher Wirtschaft weiter zum Rotbuchen-Tannenwald entwickeln würde (Querceto petraeae Carpinetum basiferens ↗ FAGETUM carpinetosum melicosum uniflorae ↗ Abieteto-Fagetum).

Wir haben es hier mit einem Rotbuchenwald zu tun, dem ein ausgezeichneter Wasser- und Nährstoffhaushalt zur Verfügung steht. Die Rotbuche beherrscht lebenskräftig wachsend die Baumschicht und hat die lichtbedürftigeren Eichen und Hainbuchen bereits eingeengt und in den Zwischenbestand gedrängt. Sie hat sich als Schattholzart im Zuge der Vegetationsentwicklung gegenüber Eiche und Hainbuche durchgesetzt, wie unten folgende schematische Darstellung aufzeigt.

So ist es verständlich, daß im Niederwuchs neben den Charakterarten des Rotbuchenwaldes, wie z. B. *Fagus silvatica, Elymus europaeus, Melica uniflora, Asperula odorata, Mercurialis perennis, Cephalanthera alba, Sanicula europaea, Dentaria bulbifera, Dentaria enneaphyllos* auch Begleiter des Eichen-Hainbuchenwaldes, wie z. B. *Campanula persicifolia, Lathyrus vernus, Stellaria Holostea, Primula veris, Cardamine impatiens, Polygonatum multiflorum,* vertreten sind.

Diese können sich als lichtbedürftigere Arten dort halten, wo die lichtkronigen Eichen und Hainbuchen hinreichend Licht durch ihre Kronen lassen. Sie treten aber im Unterwuchs dort zurück, wo Rotbuchenkronen geschlossen den Boden bedecken. Daraus ersehen wir, daß hier nicht so sehr die Wasser- und Nahrungsverhältnisse im Boden für das Auftreten der Eichen-Hainbuchenwald-Charakterarten oder Rotbuchenwald-Charakterarten entscheidend sind, sondern die Lichtverhältnisse. Durch reine Lichtstellung des Waldes ist die Forstwirtschaft in der Lage, mehr oder weniger charakteristisch aufgebaute Rotbuchenwälder in mehr oder weniger charakteristisch aufgebaute Eichen Hainbuchenwälder überzuführen.

Darin liegt ja auch der Grund, warum diese Wälder so schwer zu fassen sind, finden wir doch vom typisch aufgebauten Rotbuchenwald bis zum typisch aufgebauten Eichen-Hainbuchenwald alle Übergänge.

Ich habe unseren Wald zum Fagetum gestellt, weil doch die Rotbuchenkronen die Eichen-Hainbuchen beherrschen.

Würde die Forstwirtschaft die Rotbuchenkronen durch Freihieb zurückdrängen, so würden Eichen und Hainbuchen mehr Lebenskraft bekommen und auch im Niederwuchs würden sich die lichtbedürftigeren Arten des Eichen-Hainbuchenwaldes ausbreiten. Damit hätte die Forstwirtschaft innerhalb eines Jahres den Rotbuchenwald in einen Eichen-Hainbuchenwald übergeführt.

Die Vegetationsentwicklung verläuft hier also folgend:

Kräuterreicher
Rotbuchen-Tannen-Mischwald

↑

Kräuterreicher Rotbuchenwald
mit Tannen-Unterwuchs

↑

Kräuterreicher Rotbuchenwald
mit Traubeneichen-Hainbuchen-Zwischenbestand

↑

Traubeneichen-Hainbuchenwald
mit Rotbuchen-Unterwuchs

↑

Traubeneichenwald
mit Hainbuchen-Unterwuchs

↑

Traubeneichenwald

Es muß ja so sein, denn mit zunehmender Bodenverbesserung kommen immer anspruchsvollere Arten auf, welche die Beschattung ertragen können. So werden langsam die lichtliebenden Pflanzen des Eichenbuschwaldes von den schattenfesteren Arten des Eichen-Hainbuchenwaldes und diese von den Schattenpflanzen des Rotbuchen-Tannenwaldes verdrängt.

Auf diese Weise müssen aber auch im Unterwuchs Eichen mit zunehmender Beschattung des Waldbodens den jungen Hainbuchen und diese den jungen Rotbuchen und Tannen langsam weichen.

Mit einiger Erfahrung muß der Forstmann bei Beachtung der Vegetationsverhältnisse die richtige Lichtstellung des Waldes herausfinden, wenn er diese oder jene Holzart verjüngen will. Er wird aber auch aus der Zusammensetzung des Niederwuchses erkennen, wann er den Wald wieder lichten muß, um dem heranwachsenden Unterwuchs hinreichend Licht zu bieten, insbesondere dann, wenn er neben Auftreten der verschiedenen Arten im Niederwuchs auch ihre Lebenskraft berücksichtigt.

In unserem Walde kann z. B. die Eiche nicht mehr aufkommen, da ihr der Boden zu sehr beschattet ist. Dies ist insbesondere daran zu erkennen, daß die lichtbedürftigen Pflanzen des Eichenwaldes mit Ausnahme von *Campanula persicifolia* und *Lathyrus niger* fehlen und diese infolge starker Beschattung schon geringe Lebenskraft zeigen.

Greift aber der Mensch durch Kahlschlag ein, so können wir ohne weiteres, wenn wir den Wettbewerb der Schattholzarten ausschalten, an Stelle dieses Rotbuchenwaldes einen Eichen-Hochwald aufbringen.

Aus dem Schema der Vegetationsentwicklung geht aber noch hervor, daß vom 1. bis zum 6. Stadium der Vegetationsentwicklung der Wasser- und Nährstoffhaushalt steigen kann und damit immer anspruchsvollere Arten lebenskräftig aufkommen können. Somit hat im 1. und 2. Stadium die Eiche keine Konkurrenz zu fürchten, im 3. Stadium die Konkurrenz der Hainbuche, im 4. Stadium die Konkurrenz der Hainbuche und Rotbuche und im 5. und 6. Stadium die Konkurrenz von Rotbuche und Tanne.

Das heißt also mit anderen Worten, daß die Eiche mit zunehmender Bodenbildung und Vegetationsentwicklung die Konkurrenz der anspruchsvolleren Laubholzarten auf diesem Boden zu fürchten hat.

Dasselbe gilt auch für die Hainbuche in späteren Stadien. So hat sie erst im 4. Stadium dieser Vegetationsentwicklung die Konkurrenz der Rotbuche zu fürchten.

Aus diesem Schema der Vegetationsentwicklung geht aber auch etwas anderes hervor, nämlich die Tatsache, daß auch die anspruchsvolleren Holzarten in jüngeren Stadien der Vegetationsentwicklung, wo der Boden noch einen geringen Wasser- und Nährstoffhaushalt besitzt, sich gegen die anspruchsloseren Holzarten, welche an den Wasser- und Nährstoffhaushalt geringere Ansprüche stellen, noch nicht durchsetzen können. Der Forstmann muß diese Zusammenhänge genau beachten und daraus seine waldbaulichen Folgerungen ziehen.

Greift der Mensch noch stärker ein, indem er dem Waldboden seine Streu und mit ihr den Oberboden entnimmt, so setzt er durch diese Eingriffe den Wasser- und Nährstoffhaushalt herab und entzieht damit den anspruchsvolleren Holzarten die Möglichkeit, sich lebenskräftig zu verjüngen. Damit degradiert er gewissermaßen je nach Eingriff den Wald von einem höheren Stadium der Vegetationsentwicklung zu einem jüngeren Stadium. Degradiert er z. B. durch seine Eingriffe das Rotbuchen-Tannen-Mischwaldstadium zum Eichen-Hainbuchen-Stadium, so würden sich die Tanne und Rotbuche nicht mehr lebenskräftig entwickeln können.

Wollen wir daher die Tanne erhalten, so müssen wir den Wald so pfleglich wie möglich bewirtschaften und uns bemühen, den Wasser- und Nährstoffhaushalt zu heben.

Dieser Rotbuchenwald von Breitenfurt, der in Wechselbeziehung zum Eichenmischwald steht, wächst auf Flyschboden, der von Haus aus eine gute Wasserhältigkeit besitzt; er kann daher weniger leicht zum Rotföhrenwald degradiert werden als die Rotbuchenwälder auf wasserdurchlässigen Kalk- und Dolomitböden.

Der bodenbasische Rotbuchenwald, im Mannaëschenwald hochgekommen.

(Fraxinetum Orni ↗ FAGETUM basiferens.)

Floristischer Aufbau: Diese wärmeliebenden Rotbuchenwälder sind gekennzeichnet durch das begleitende Auftreten von Mannaësche und Hopfenbuche. Auch in der Strauchschicht finden wir an lichteren Stellen meist Mannaëschen oder Hopfenbuchen vertreten. Im Niederwuchs finden wir neben den anspruchsvollen Laubwaldarten, bodenbasische Arten, Begleiter des Illyrischen Laubmischwaldes, während Hochstauden, Farne und bodenfeuchte Arten zurücktreten.

Haushalt: Diese Rotbuchenwälder finden wir nur in der unteren Buchenstufe im Verbreitungsgebiet von Mannaësche und Hopfenbuche, vor allem also im Südostraume der Alpen. Hier siedeln sie auf basischen Böden dort, wo im Zuge des Vegetationsaufbaues der Boden schon eine solche Güte bekommen hat, daß auch die Rotbuche und ihre Begleiter lebenskräftig aufkommen können.

Entwicklung: Die Vegetationsentwicklung verläuft hier, schematisch dargestellt, z. B. folgend:

Rotbuchen-Tannen-Mischwald

↑

Mannaëschen-Hopfenbuchen-Rotbuchen-Mischwald

↑

Mannaëschen-Hopfenbuchenwald mit Rotbuchen-Unterwuchs

↑

Schneeheide-reicher
Mannaëschen-Hopfenbuchenwald

Dabei ist zu bemerken, daß diese Wälder meist mehr oder weniger lange Zeit als Dauergesellschaft ausgebildet sind, daß die Weiterentwicklung zum Rotbuchen-Tannen-Mischwald erst dann erfolgen kann, wenn die Haushaltsverhältnisse auch der Tanne einigermaßen zusagen.

Beispiele:

Nr. der Aufnahme:	1	2
Meereshöhe in Metern	700	750
Himmelslage	SO	S
Neigung in Graden	20°	20°
Baumschicht:		
Fagus silvatica	5.5	5.5
Ostrya carpinifolia	1.1	+
Fraxinus Ornus		1.1
Picea excelsa		1.1
Pinus silvestris		+
Sorbus Aria		+

Nr. der Aufnahme:	1	2
Meereshöhe in Metern	700	750
Himmelslage	SO	S
Neigung in Graden	20°	20°
Strauchschicht:		
Fraxinus Ornus	1.1	1.1
Ostrya carpinifolia	1.1	
Sorbus Aria	+	
Corylus Avellana	+	
Fagus silvatica		1.1
Picea excelsa		1.1
Juniperus communis		+
Berberis vulgaris		+
Niederwuchs:		
Carex alba	+.2	2.2°
Fagus silvatica	1.1	1.1
Neottia Nidus-avis	+	+
Salvia glutinosa	+	+
Anemone trifolia	+	+
Epipactis atrorubens	+	+
Origanum vulgare	+	+
Calamagrostis varia	2.2	
Erica carnea	1.2°	
Cynanchum Vincetoxicum		1.1°
Dentaria pentaphyllos	+	
Dentaria bulbifera	+	
Asperula odorata	+	
Lathyrus vernus	+	
Viola mirabilis	+	
Cephalanthera alba	+	
Euphorbia amygdaloides	+	
Galium silvaticum	+	
Pulmonaria officinalis	+	
Anemone nemorosa	+	
Hepatica nobilis	+	
Hieracium silvaticum	+	
Aquilegia vulgaris	+	
Polygonatum multiflorum	+	
Melica nutans	+	
Buphthalmum salicifolium	+	
Cyclamen europaeum	+	

Nr. der Aufnahme:	1	2
Meereshöhe in Metern	700	750
Himmelslage	SO	S
Neigung in Graden	20°	20°
Convallaria majalis	+	
Astragalus glycyphyllos	+	
Platanthera bifolia	+	
Melittis Melissophyllum	+	
Galium purpureum		+
Pteridium aquilinum		+

Den Einzelbestand der Aufnahme Nr. 1, den ich auf einem steil geneigten Bergsturzboden im Kraßgraben bei Puch im Drautale untersuchte, stelle ich zum bodenbasischen Rotbuchenwald, im Mannaëschen-Hopfenbuchenwald hochgekommen, sich früher oder später zum Rotbuchen-Tannen-Mischwald entwickelnd (Fraxineto Orni - Ostryetum carpinifoliae ↗ FAGETUM ericetosum carneae calamagrostosum variae basiferens ↗ Abieteto-Fagetum).

Der floristische Aufbau zeigt uns, daß wir es hier zweifellos mit einem Rotbuchenwald zu tun haben, der große Beziehungen zum Mannaëschen-Hopfenbuchenwald besitzt.

Diese Beziehungen sind nicht nur aus dem Aufbau unseres Waldes zu ersehen, sondern insbesondere auch durch die Beobachtung in der nächsten Umgebung. Durch diese bekommen wir den Eindruck, daß unser Wald nur ein Teil eines großen Mosaikkomplexes ist, in dem infolge der verschiedenen Boden-, Kleinklima- und biotischen Verhältnisse alle möglichen Mosaike vertreten sind; so typisch ausgebildete Laubmischwälder von Mannaësche und Hopfenbuche, Schneeheidereiche Rotföhrenwälder, Rotföhren-Fichten-Mischwälder, Bunt-Reitgras-reiche Rotföhren-Rotbuchenmischwälder, Blaugrashalden, Schneeheidegesellschaften, Bunt-Reitgras-Fluren. Die Eiche und Hainbuche aber treten hier völlig zurück.

Aus diesen Mosaïken läßt sich unschwer der natürliche Gang der Vegetationsentwicklung feststellen. Schneeheide-reiche bzw. Blaugrasreiche Laubmischwälder von Mannaësche und Hopfenbuche schließen sich immer dichter zusammen, beschatten den Boden und geben ihm in zunehmendem Maße eine wasserhaltende Kraft. Damit können anspruchsvollere Arten, insbesondere solche, die an den Wasserhaushalt größere Anforderungen stellen, langsam im Schutze des dicht wachsenden illyrischen Gehölzes, in dem vor allem die Hopfenbuche an Boden gewinnt, sich ausbreiten. Auch die Rotbuche kommt im Schutze des Unterwuchses auf und setzt sich immer mehr durch, bis sie schließlich lebenskräftig die Baumschicht beherrschen kann.

H a u s h a l t: Daraus ersehen wir, daß hier auf dem nur sehr schwer verwitterbaren Urkalkboden, der von vorneherein kein Wasser zu halten vermag, sich nur sehr langsam ein Wasser- und Nährstoffhaushalt aufbaut.

Diese Urkalkböden sind sehr labil, weil sie sehr schwer verwittern und arm an Verschmutzungsteilen sind. Sie erhalten ihre wasserhaltende Kraft nicht durch Verwitterung, sondern durch die Auflage des Bestandesabfalles. Demnach müssen sie besonders pfleglich bewirtschaftet werden, weil sie mit Verlust dieses Bestandesabfalles auch die Wasserhältigkeit verlieren.

Vegetationsentwicklung: Hand in Hand mit Hebung des Wasserhaushaltes durch Auflagerung des wasserhaltenden Bestandesabfalles erfolgt die Vegetationsentwicklung zum anspruchsvollen Rotbuchen-Mischwald, wie vorhin aufgezeigt wurde.

Greift der Mensch hier am Steilhang durch waldverwüstende Maßnahmen (Kahlschlag, Streunutzung, Brand) ein, so nimmt er damit dem Boden die wasserhaltende Kraft und degradiert den Wald zum *Erica-carnea*-reichen Mannaëschen-Buschwald, ja zu *Erica-carnea*-Heiden.

Meist werden diese Wälder durch Niederwaldbetrieb zu dürftigen Buschwäldern degradiert.

Die Rotföhre wird aus solchen im Niederwaldbetrieb bewirtschafteten Wäldern zurückgedrängt, weil sie den Ausschlagwaldbetrieb nicht ertragen kann.

Waldbauliche Folgerungen: Alle Maßnahmen sind zu unterlassen, die den Wasserhaushalt herabsetzen. Der Wald muß so pfleglich wie möglich bewirtschaftet werden.

Die Tanne kann erst dann eingebracht werden, wenn die Arten des illyrischen Laubmischwaldes mehr oder weniger verschwunden sind und im Niederwuchs Arten hervortreten, die an den Wasser- und Nährstoffhaushalt große Ansprüche stellen.

Den 1,0 bestockten 70—80jährigen Rotbuchenwald der Aufnahme Nr. 2 untersuchte ich am 20 Grad geneigten Südhang auf einem Kalkschuttmantel am Südfuß der Villacher Alpe oberhalb der Thonetmühle im Schüttgebiet.

Ich stelle diesen Wald zur Weiß-Seggen-Ausbildung des im Mannaëschen-Hopfenbuchenwald aufgekommenen bodenbasischen Rotbuchenwaldes (Fraxineto orni-Ostryetum carpinifoliae ↗ FAGETUM caricetosum albae ↗ Abieteto-Fagetum).

Der Haushalt dieses Waldes ist gekennzeichnet durch seine Lage im Klimagebiet der unteren Buchenstufe und durch den mehr oder weniger trockenen, mäßig nährstoffreichen Boden.

Die Vegetationsentwicklung verläuft, schematisch dargestellt, wie bei Aufnahme Nr. 1.

Dieser Wald siedelt nicht auf einem Südosthang im luftfeuchten Kraßgraben, sondern auf einem sehr sonnigen Südhang.

Hier fällt uns auf, daß die Hopfenbuche sehr stark zurücktritt. Der Förster berichtete mir, daß in diesem Gebiete immer 10 Prozent Hopfenbuchenbrennholz geschlagen werde und daß in früheren Zeiten die Kämpen der Mühlräder aus Hopfenbuchenholz verfertigt wurden.

Die Mannaësche und Hopfenbuche vertreten hier gewissermaßen Eiche und Hainbuche, welche Böden bevorzugen, die eisenreicher sind.

II. Die bodentrockenen, bodensauren Rotbuchenwälder.

Die bodensauren Rotbuchenwälder siedeln auf Böden, die entweder seit jeher sauer waren oder durch Auflagerung einer Rohhumusschicht infolge waldverwüstender Eingriffe oberflächlich versauerten.

Sie sind in verschiedenen Zwergstrauchgesellschaften, Nadel- oder Laubwäldern hochgekommen und können sich weiter zum Tannenwald entwickeln. Der floristische Aufbau läßt diesen Entwicklungsgang in den meisten Fällen gut erkennen.

Gruppe der bodensaueren Rotbuchenwälder

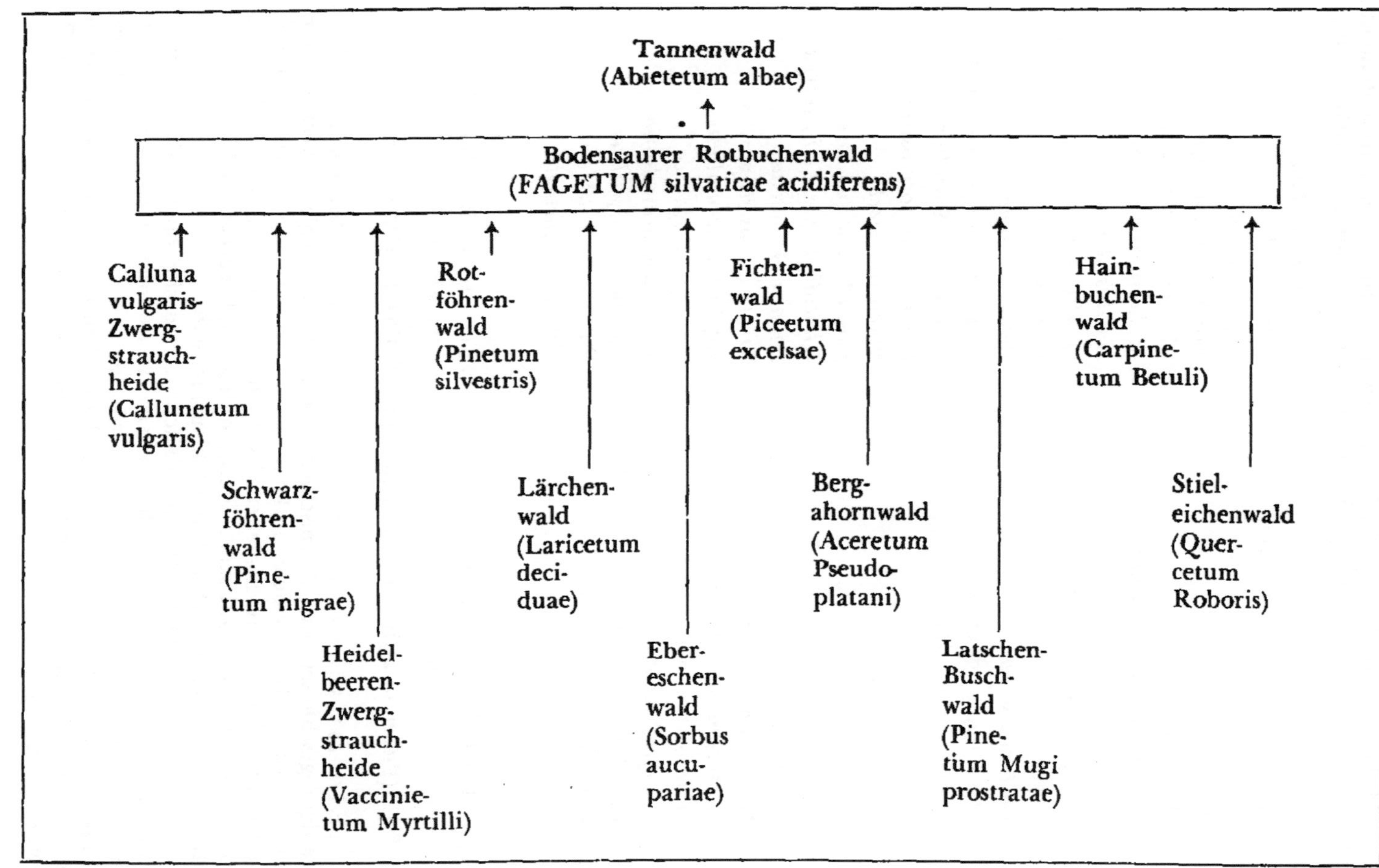

Als bodensaure Arten, also Pflanzen, welche trockenen, sauren Boden bevorzugen, können wir in vorliegender Arbeit mehr oder weniger hinausstellen:

Agrostis tenuis	*Luzula multiflora*
Anthoxanthum odoratum	*Luzula pilosa*
Arnica montana	*Luzula silvatica*
Betonica officinalis	*Majanthemum bifolium*
Blechnum Spicant	*Melampyrum pratense*
Calamagrostis arundinacea	*Melampyrum silvaticum*
Calluna vulgaris	*Nardus stricta*
Campanula Scheuchzeri	*Oxalis Acetosella*
Carex pilulifera	*Picea excelsa*
Castanea sativa	*Pirola secunda*
Deschampsia flexuosa	*Plagiothecium undulatum*
Dicranum undulatum	*Pleurozium Schreberi*
Digitalis purpurea	*Polytrichum formosum*
Festuca silvatica	*Potentilla erecta*
Galium saxatile	*Rhytidiadelphus loreus*
Genista germanica	*Rhytidiadelphus triquetrus*
Genista sagittalis	*Rumex Acetosella*
Hieracium Pilosella	*Sarothamnus scoparius*
Hieracium umbellatum	*Sieglingia decumbens*
Hylocomium splendens	*Solidago Virgaurea*
Lathyrus montanus	*Teucrium Scorodonia*
Leontodon helveticus	*Vaccinium Myrtillus*
Leucobryum glaucum	*Vaccinium Vitis-idaea*
Luzula albida	*Veronica officinalis*

Ein bodensaurer hochstaudenreicher Rotbuchenwald, im Fichtenwald hochgekommen.

(Piceetum altherbosum acidiferens ↗ FAGETUM altherbosum).

Floristischer Aufbau: Die Rotbuche beherrscht mehr oder weniger geschlossen die Baumschicht, da und dort begleitet von Fichten, die meist auch im Unterwuchs aufkommen können. Im Niederwuchs finden wir bodensaure Arten und Begleiter des Fichtenwaldes, die aber neben den anspruchsvollen Laubwaldarten, Hochstauden und Farnen mehr oder weniger zurücktreten. Bodenfeuchte Arten fehlen fast ganz.

Haushalt: Diese Wälder finden wir in der oberen Buchenstufe und zwar dort, wo auf sauren Böden andere hochstämmige Holzarten aus klimatischen oder florengeschichtlichen Gründen als Konkurrenten ausscheiden. Wasser- und Nährstoffhaushalt dieser Böden kann als mäßig bis gut bezeichnet werden. Oberflächlich ist infolge der menschlichen Eingriffe meist eine Bodenversauerung eingetreten.

Entwicklung: Die Vegetationsentwicklung verläuft vom Fichtenwald zum Rotbuchenwald, der umso mehr anspruchsvolleren Arten Lebensmöglichkeiten bieten kann, je ungestörter die Entwicklung vor sich geht. Bei waldverwüstenden Eingriffen erfolgt die Verwüstung zum bodensauren Rotbuchenwald und schließlich zum Fichtenwald, der bei lang anhaltenden zerstörenden Eingriffen sogar die Beziehung zum Rotbuchenwald verlieren kann.

Einen solchen Rotbuchenwald untersuchte ich auf einem 30—35 Grad steilen Nordhang in 1230 m Seehöhe ober Wilhelmertal bei Freiburg i. Br.

Floristischer Aufbau:

Baumschicht:

Fagus silvatica	5.5	*Picea excelsa*	+

Niederwuchs:

Athyrium Filix-femina	3.3	*Stellaria nemorum*	+.2
Oxalis Acetosella	2.2	*Vaccinium Myrtillus*	+.2
Adenostyles Alliariae	1.2	*Luzula silvatica*	+.2
Lastrea Phegopteris	1.2	*Luzula albida*	+.2
Lastrea Dryopteris	1.2	*Blechnum Spicant*	+.2
Fagus silvatica	1.1	*Asperula odorata*	+.2
Senecio nemorensis	1.1	*Acer Pseudoplatanus*	+
Senecio Fuchsii	1.1	*Lamium Galeobdolon*	+
Polygonatum verticillatum	1.1	*Ranunculus lanuginosus*	+
Dryopteris austriaca ssp. *spinulosa*	1.1	*Hieracium silvaticum*	+
		Phyteuma spicatum	+
Lastrea Oreopteris	1.1	*Cicerbita alpina*	+
Prenanthes purpurea	1.1	*Rumex arifolius*	+
Ajuga reptans	1.1	*Ranunculus aconitifolius*	+

Moose:

Marchantia polymorpha	+

Ich stelle diesen Wald zum hochstaudenreichen Rotbuchen-Ausschlagwald, welcher durch Niederwaldbetrieb aus dem Rotbuchen-Tannenwald entstanden ist und sich früher oder später nach Aufhören störender menschlicher Eingriffe sicherlich wieder zum Rotbuchen-Tannenwald entwickeln würde. Es handelt sich hier um einen Wald, der ehemals im bodensauren Fichtenwald hochgekommen ist (Piceetum acidiferens ↗ Abieteto-Fagetum ↘ FAGETUM altherbosum regerminatum).

Dieser Rotbuchenwald bedeckt völlig den Boden, ist 15 m hoch und ab der halben Höhe bekront. Die Bäume sind durchwegs vom Schneeschub säbelwüchsig.

Der Haushalt ist gekennzeichnet durch seine Lage am schneereichen, schneeschubgefährdeten Nordhang der oberen Buchenstufe und durch den mäßigen Wasser- und Nährstoffhaushalt im Boden.

Durch den Niederwaldbetrieb wurde dem Oberboden viel Feinerde weggenommen und der Boden verarmte so, daß er oberflächlich ein wenig versauerte und damit wieder Beziehungen zum Fichtenwald bekam.

Die Vegetationsentwicklung lief, hier schematisch dargestellt, vermutlich folgend:

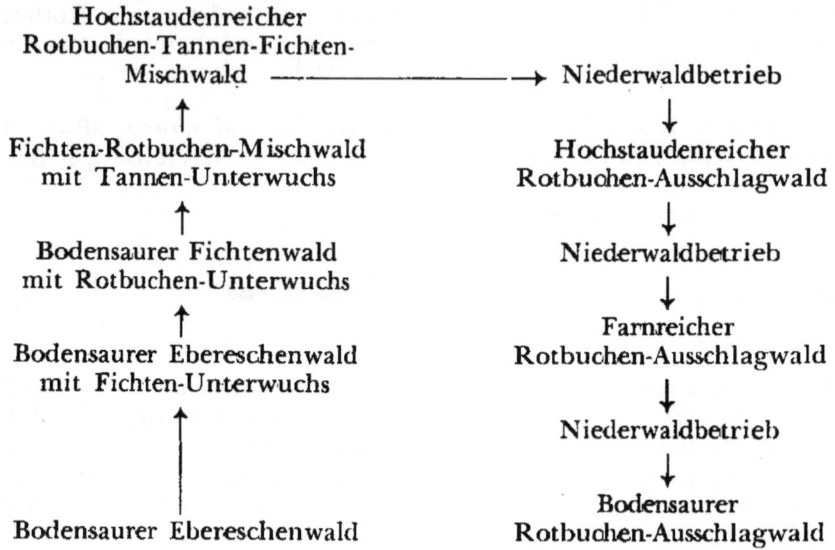

Der saure Boden wurde hier in der so schneereichen steilen Nordhanglage vom Ebereschenwald besiedelt. Im Unterwuchs dieses Waldes kamen Fichten hoch. Diese setzten sich durch und drängten die lichtbedürftigeren Ebereschen zurück. Gleichzeitig kamen im Unterwuchs die um vieles schattenfesteren Rotbuchen auf und die Vegetationsentwicklung führte zum hochstaudenreichen Rotbuchen-Tannen-Fichten-Mischwald.

Nun wurde dieser Wald niedergeschlagen und immer wieder zur Holzkohlengewinnung im Niederwaldbetrieb bewirtschaftet.

Damit wurde in immer kürzeren Abständen der Boden freigelegt, seiner Feinerde entblößt und zum bodensauren Ausschlagwald degradiert.

W i r t s c h a f t l i c h e   F o l g e r u n g e n : Im Kahlschlag darf wegen Gefährdung durch Schneeschub auf keinen Fall dieser Wald genutzt werden, weil dadurch die Feinerde vom Steilhang abgeschwemmt wird, das Aufkommen von Tannen erschwert wird und damit die Stämme durch den Schneeschub säbelwüchsig werden.

E i n b o d e n s a u r e r f a r n r e i c h e r R o t b u c h e n w a l d, i m F i c h t e n w a l d h o c h g e k o m m e n.

(Piceetum ↗ Fagetum filicosum acidiferens.)

Der floristische Aufbau dieser Rotbuchenwälder ist ähnlich dem der anderen bodensauren Rotbuchenwälder. Da die Fichte als Rohhumuspflanze fast in allen bodensauren Rotbuchenwäldern mehr oder weniger lebenskräftig aufkommen und gedeihen kann, scheide ich diese Rotbuchenwälder, die im Fichtenwald hochgekommen sind, nur dort als besonderen Vegetationsentwicklungstyp aus, wo andere hochstämmige Holzarten nicht lebenskräftig wachsen können. Durch das Fehlen dieser mehr oder weniger anspruchsvollen Holzarten ist auch der floristische Aufbau besonders gekennzeichnet.

Die Haushaltsverhältnisse gehen aus dem schon Gesagten hervor. Wir treffen nämlich diese Wälder nur dort, wo andere hochstämmige Holzarten als Konkurrenten ausgeschaltet sind.

Einen solchen bodensauren Rotbuchenwald untersuchte ich auf einem 10 Grad NW geneigten Hang östlich vom Schistadion im Feldberggebiet auf Silikatboden des südlichen Schwarzwaldes.

Floristischer Aufbau:

Baumschicht: 10 m hoch

Fagus silvatica	5.5	*Picea excelsa*	1.1

Strauchschicht:

Fagus silvatica	2.1	*Picea excelsa*	+

Niederwuchs:

Lastrea Dryopteris (= Dryopteris disjuncta)	3.2	*Hieracium silvaticum*	+
		Fagus silvatica	+
Lastrea Oreopteris (= Dryopteris Oreopteris)	2.2	*Acer Pseudoplatanus*	+
		Adenostyles Alliariae	+
Vaccinium Myrtillus	2.2	*Cicerbita alpina*	+
Oxalis Acetosella	2.2	*Ranunculus aconitifolius*	+
Prenanthes purpurea	2.2	*Rumex arifolius*	+
Athyrium Filix-femina	1.2	*Solidago Virgaurea*	+
Luzula silvatica	1.2	*Rubus idaeus*	+
Polygonatum verticillatum	1.1	*Senecio Fuchsii*	+
Paris quadrifolia	+	*Ajuga reptans*	+

Moose:

Polytrichum formosum	1.2	*Rhytidiadelphus loreus*	+.2

Ich stelle diesen Wald zum farnreichen Rotbuchenwald, der sich über einen heidelbeerreichen Fichtenwald heraufentwickelt hat und sich zum hochstaudenreichen Rotbuchen-Tannen-Fichten-Mischwald weiter entwickelt (Piceetum myrtillosum ↗ FAGETUM filicosum ↗ Abieteto-Fagetum altherbosum).

Wir haben hier einen Rotbuchenwald vor uns, der sich über einen heidelbeerreichen Fichtenwald heraufentwickelt hat und sich im Sinne des folgenden Schemas der Vegetationsentwicklung zur Alpendost-Hochstauden-Ausbildung weiter entwickelt. Die Rotbuche beherrscht, von der Fichte begleitet, die Baumschicht, tritt aber auch in der Strauchschicht und im Niederwuchs hervor. Die Heidelbeere ist als Rest noch im Niederwuchs vertreten. Daneben aber finden wir schon verschiedene voralpine Hochstauden, wie *Adenostyles Alliariae, Cicerbita alpina, Rumex arifolius, Polygonatum verticillatum, Ranunculus aconitifolius* neben wenigen Kräutern wie *Paris quadrifolia, Hieracium silvaticum.* Dafür aber treten die Farne besonders hervor und rechtfertigen die Faziesbezeichnung „filicosum".

Der H a u s h a l t ist gekennzeichnet durch seine Lage am schwach geneigten, sehr schneereichen Nordwesthang der oberen Buchenstufe und durch den noch mäßigen Wasser- und Nährstoffhaushalt.

Die V e g e t a t i o n s e n t w i c k l u n g verläuft hier schematisch dargestellt folgend:

Hochstaudenreicher Rotbuchen- Tannen-
Fichten-Mischwald

↑

Kräuterreicher Rotbuchenwald
mit Tannen-Unterwuchs

↑

Farnreicher Fichtenwald mit
Rotbuchen-Unterwuchs

↑

Heidelbeerreicher
Fichtenwald

↑

Ebereschenwald mit Fichten-
Unterwuchs

↑

Heidelbeer-Heide

Waldverwüstende Eingriffe können den kräuterreichen Rotbuchenwald bis zur Heidelbeerheide herabwirtschaften. So können z. B. Stadien dieser Serie der Vegetationsentwicklung sein:

1. Fagetum piceetosum adenostylosum Alliariae
2. Fagetum piceetosum vacciniosum Myrtilli
3. Piceetum fagetosum vacciniosum Myrtilli
4. Piceetum sorbetosum aucupariae vacciniosum Myrtilli.

W i r t s c h a f t l i c h e F o l g e r u n g e n : Wir müssen hier in pfleglicher Wirtschaft einen Rotbuchen-Tannen-Fichten-Mischwald aufbauen und damit den Wasser- und Nährstoffhaushalt heben.

Einen anderen Rotbuchenwald untersuchte ich am 25 Grad geneigten Osthang des Herzogenhorns in 1360 m Seehöhe im Schwarzwald auf Granitunterlage.

F l o r i s t i s c h e r A u f b a u :

B a u m s c h i c h t : Niederwald 10–15 m hoch.

Fagus silvatica	5.5	*Picea excelsa*	+

S t r a u c h s c h i c h t :

Fagus silvatica (Stockausschläge)	+.3	*Acer Pseudoplatanus*	+

N i e d e r w u c h s :

Calamagrostis arundinacea	5.5	*Anemone nemorosa*	+
Vaccinium Myrtillus	2.2	*Melampyrum silvaticum*	+
Oxalis Acetosella	2.2	*Solidago Virgaurea*	+
Lastrea Oreopteris (= *Dryopteris Oreopteris*)	1.2	*Hieracium Lachenalii*	+
Senecio nemorensis	1.1	*Polygonatum verticillatum*	+
Blechnum Spicant	+.2	*Dryopteris austriaca* subsp. *spinulosa*	+
Luzula albida	+.2	*Athyrium Filix-femina*	+
Carex silvatica	+	*Rumex arifolius*	+
Poa nemoralis	+	*Stellaria nemorum*	+
Epilobium montanum	+	*Aconitum Napellus*	+
Phyteuma spicatum	+	*Knautia silvatica*	+
Scrophularia nodosa	+	*Dryopteris Filix-mas* var. *subalpina*	+
Lamium Galeobdolon	+		
Viola silvestris	+		

Ich stelle diesen Wald zum Wald-Reitgras-reichen Rotbuchen-Ausschlagwald, der durch Niederwaldbetrieb aus dem hochstaudenreichen Rotbuchen-Tannenwald entstanden ist und sich früher oder später nach Aufhören des Ausschlagbetriebes sicherlich wieder zum Rotbuchen-Tannenwald entwickeln würde. Es handelt sich hier um einen Wald, der sich ehemals über einen bodensauren Fichtenwald heraufentwickelt hat (Piceetum myrtillosum ↗ Abieteto-Fagetum altherbosum ↘ FAGETUM regerminatum calamagrostosum arundinaceae).

Wir haben hier einen Niederwald vor uns, der schon Jahrhunderte im Niederwaldbetrieb bewirtschaftet wird, wie aus den vielen Ausschlägen, die aus einem Horst herauskommen, zu sehen ist. Dadurch verarmte der Boden, versauerte oberflächlich und zeigte den für den Niederwald charakteristischen Wuchs. Dazu kommt, daß durch die Lage am steilen Osthang die Feinerde leicht abgeschwemmt wurde.

Die Fichte kommt in der Baumschicht vor und findet im sauren Oberboden Lebensmöglichkeiten, was insbesondere auch das Auftreten der bodensauren Arten und von diesen besonders *Blechnum Spicant* und *Melampyrum silvaticum* bekunden.

Das Waldreitgras tritt insbesondere in lichten schneereichen bodensauren Wäldern hervor.

Der H a u s h a l t ist gekennzeichnet durch seine Lage auf sehr schneereichen, schneeschubgefährdeten Hängen der oberen Buchenstufe durch mäßigen Wasser- und Nährstoffhaushalt, insbesondere aber durch seine Stellung als Ausschlagwald.

Die Erklärung dieses Entwicklungsganges ist folgend: In den letzten Jahrhunderten hat sich bei ungestörter Entwicklung auf dem ursprünglich armen Granitboden ein hochstaudenreicher Rotbuchen-Tannen-Mischwald aufgebaut. Durch den nachfolgenden Kahlschlag und Niederwaldbetrieb wurde der Waldboden immer wieder in Abständen von wenigen Jahrzehnten kahlgelegt und die Laubstreu und Feinerde abgeschwemmt. Dadurch verlor der Boden seinen Wasser- und Nährstoffhaushalt wie bei Streunutzung und hagerte aus. Er verlor seine Beziehung zum anspruchsvollen Tannenwald, aber erhielt die Beziehung zum anspruchsloseren bodensauren Fichtenwald, der nicht nur an den Nährstoffhaushalt des Bodens, sondern in diesem luftfeuchten Klimagebiete auch an den Wasserhaushalt des Bodens geringere Ansprüche stellt.

Wirtschaftliche Folgerungen: Der Niederwaldbetrieb setzt nicht nur die Bodengüte herab und vermindert damit den Zuwachs, sondern erzeugt nur minderwertiges Brennholz. Wir müssen auf jeden Fall von dieser Wirtschaftsweise abgehen und zum Hochwaldbetrieb übergehen. Dadurch steigt die Bodengüte und damit die Möglichkeit, einen Rotbuchen-Tannen-Fichten-Wirtschaftswald zu erreichen, der unter den gegebenen Standortsverhältnissen unser Wirtschaftsziel sein sollte.

Ein bodensaurer heidelbeerreicher Rotbuchenwald, im Fichtenwald hochgekommen.

Einen bodensauren Rotbuchen-Ausschlagwald untersuchte ich auf einem 5—10 Grad geneigten Südhang am Belchen im Schwarzwald in 1185 m Seehöhe und fand folgenden floristischen Aufbau:

Baumschicht: 0,7 bestockt.

Fagus silvatica	Bestockung 0,6	*Picea excelsa*	+
Abies alba	Bestockung 0,4		

Strauchschicht:

Fagus silvatica	2.1	*Acer Pseudoplatanus*	+
Abies alba	2.1	*Picea excelsa*	+

Niederwuchs:

Vaccinium Myrtillus	5.5	*Hieracium silvaticum*	+
Deschampsia flexuosa	1.5	*Luzula silvatica*	+
Luzula albida	1.2	*Melampyrum pratense*	+
Rubus idaeus	1.2	*Athyrium Filix-femina*	+
Prenanthes purpurea	1.1	*Dryopteris Filix-mas*	+
Solidago Virgaurea	1.1	*Ajuga reptans*	+
Adenostyles Alliariae	+.2	*Sorbus aucuparia*	+

Moose:

Rhytidiadelphus loreus	5.5	*Atrichum undulatum*	+.2
Hylocomium splendens	+.2	*Polytrichum formosum*	+.2

Ich stelle diesen Wald zum Heidelbeer-Riemenmoos-reichen Rotbuchen-Tannen-Ausschlagwald, der sich ehemals über einen Fichtenwald zum kräuterreichen Rotbuchen-Tannen-Mischwald heraufentwickelt hatte und durch die bodenverhagernde Wirkung des Niederwaldbetriebes vom kräuterreichen Rotbuchen - Tannen - Mischwald herabgewirtschaftet wurde (Piceetum ↗ Abieteto - Fagetum herbosum ↘ Abieteto - FAGETUM myrtillosum rhytidiadelphosum lorei).

Atrichum undulatum bevorzugt herabgewirtschaftete saure Rohhumusböden der Laubwaldstufe.

Dieses Beispiel ist darum so interessant, weil wir daraus ersehen können, daß im besonders luftfeuchten, ozeanischen Klima der oberen Buchenstufe Buche und Tanne unter viel ungünstigeren Bodenverhältnissen sich verjüngen können als zum Beispiel in der unteren Buchenstufe im Vorderen Wienerwald.

Die natürliche Vegetationsentwicklung zum Buchenwald hat, wie aus vergleichenden Untersuchungen hervorgeht, ehemals der Fichtenwald eingeleitet.

Die Tanne hat sich im Unterwuchs eingefunden und wird sich früher oder später gegenüber der Rotbuche durchsetzen, weil sie hier in ihrem Verbreitungsgebiet geringere Bodengüte und Beschattung besser ertragen kann als diese. –

Von den anspruchsvolleren Arten treffen wir nur ganz wenige an; tonangebend sind die genügsameren bodensauren Arten, insbesondere die Heidelbeere.

Wie ist es aber in diesem so luftfeuchten, optimalen Klimagebiete der Rotbuche am schwach geneigten Südhang zu dieser bodensauren Ausbildung gekommen? Waldgeschichtliche Untersuchungen haben ergeben, daß unser Rotbuchenwald auf einem Boden siedelt, der durch Jahrhunderte vorher in extensiver Weidewirtschaft seiner Güte beraubt wurde. Das Weidevieh hat immer wieder die besseren Weidepflanzen abgeweidet und hat auf der Suche nach bekömmlicher Nahrung in zunehmendem Maße den Boden zusammengetreten und verdichtet. Damit hat der Boden nicht nur seinen Wasser- und Nährstoffhaushalt, sondern auch sein Bodenleben verloren. Seinen Wasserhaushalt, weil in den betretenen, verdichteten Boden das Wasser nicht leicht eindringen konnte und das Wasser, wenn es bei anhaltendem feuchten Wetter doch einzudringen vermochte, hier am sonnigen Hang kapillar aufsteigen und leicht verdunsten konnte.

Durch Mahd bedingte Buchenwaldgrenze auf dem Südhang der Maria-Elender Spitze der Golitza, 1600 m. Die natürliche Waldgrenze würde auf der ganzen Spitze der Fichtenwald bilden, wäre sein wertvolles Holz nicht geschlägert worden.

Erst als das Weidevieh keine ordentliche Nahrung mehr fand, die Fläche also nicht mehr beweidet wurde, ist die Rotbuche im heidelbeerreichen Bürstlingrasen aufgekommen und hoch gewachsen.

So zeigt ein benachbarter offener Boden, dessen Besitzer den Wald nicht aufkommen ließ, einen Bürstlingrasen mit folgendem Aufbau auf 4 m²:

Zwergsträucher:

Vaccinium Myrtillus	2.2	*Vaccinium Vitis-idaea*	+
Calluna vulgaris	1.2		

Gräser:

Nardus stricta	3.2	*Carex pilulifera*	1.1
Festuca rubra	2.2	*Agrostis tenuis*	+
Luzula albida	1.2	*Anthoxanthum odoratum*	+
Luzula multiflora	1.1		

S o n s t i g e   A r t e n :

Meum athamanticum	2.2	*Leontodon helveticus* = *L. pyrenaicus* subsp. *helveticus*	+
Fagus silvatica	1.2	*Hieracium Pilosella*	+
Rumex Acetosella	1.1	*Campanula Scheuchzeri*	+
Potentilla erecta	1.1	*Veronica officinalis*	+
Thymus „Serpyllum"	+.3	*Genista sagittalis*	+
Galium saxatile	+.2	*Chrysanthemum Leucanthemum*	+
Lotus corniculatus	+.2		
Arnica montana	+		

Es versteht sich aber, daß dann, wenn die Beweidung mehr oder weniger aufhört und der Rotbuchenwald wieder hochkommt und den Boden beschattet, die lichtbedürftigen Arten ihre Lebenskraft verlieren und den Arten Platz machen, die Beschattung und sauren Boden ertragen können.

Früher oder später, wenn der Boden gleichmäßig beschattet wird und ein ausgeglichenes feuchtes Klima die bodennahe Luftschicht einnimmt, der Boden einen günstigen Wasserhaushalt bekommen hat, wird auch Bodenleben einziehen, den rohen Bestandesabfall aufarbeiten und in einen nährstoffreichen Buchenmullboden überführen können. –

Schematisch dargestellt verläuft also die Vegetationsentwicklung folgend:

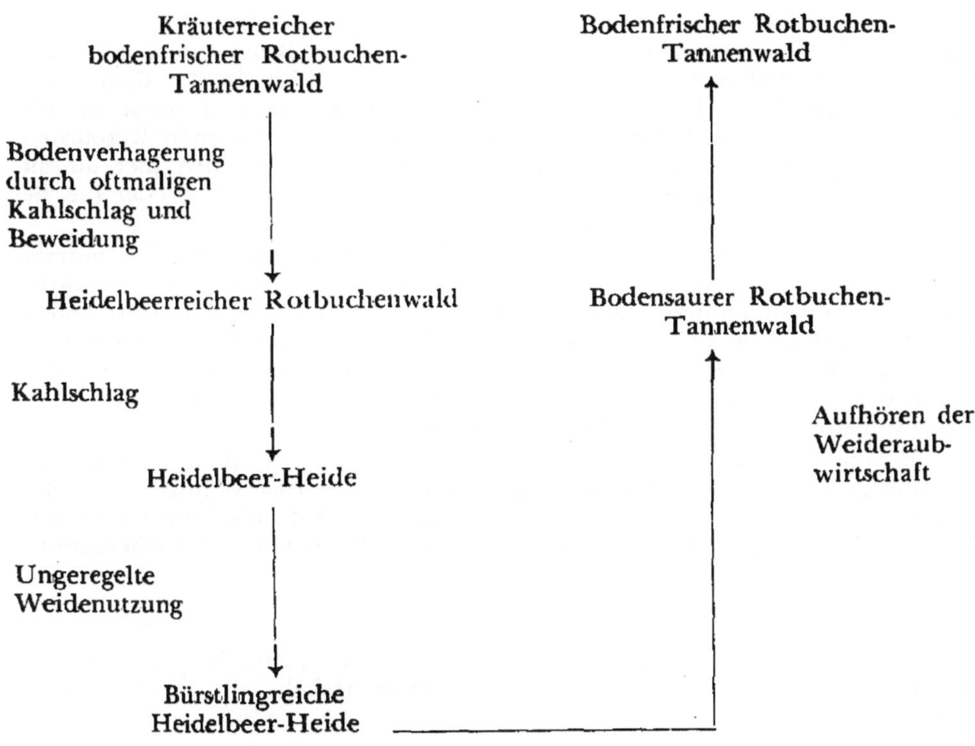

Der Haushalt unseres bodensauren Rotbuchenwaldes ist gekennzeichnet durch seine Lage in der oberen Buchenstufe im optimalen Buchenklimagebiet, durch den mehr oder weniger trockenen nährstoffarmen Oberboden und durch die lange Schneebedeckung.

Die Vegetationsentwicklung zum Rotbuchen-Ausschlagwald ist darum verständlich, weil es sich hier um einen Niederwald handelt, der in diesem optimalen Buchenklimagebiet leicht ausschlagen konnte. Die Rotbuche braucht also nicht als natürliche Verjüngung im nährstoffarmen Oberboden hochzukommen, sondern tritt in Ausschlägen, die schon in besseren Bodenschichten wurzeln, auf. Diese Ausschläge beschirmen den Boden und ermöglichen der Tanne, im Unterwuchs lebenskräftig aufzukommen.

Wirtschaftliche Folgerungen: Kahlschlag muß auf jeden Fall vermieden werden, damit das Bodenklima seine Ausgeglichenheit erhält und das Bodenleben die Überführung des Rohhumus in milden Humus durchführen kann. Unser Streben muß insbesondere darauf gerichtet sein, den Niederwald durch pflegliche Wirtschaft in einen Rotbuchen-Tannen-Fichten-Hochwald überzuführen.

Ein kräuterreicher Rotbuchenwald, im bodensauren Eichenwald aufgekommen.

(Quercetum Roboris acidiferens ↗ FAGETUM).

Floristischer Aufbau: Neben der in der Baumschicht herrschenden Rotbuche finden wir als begleitende Holzart die Eiche in der Baum- oder Strauchschicht. Als lichtbedürftige Holzart finden wir sie aber meist an lichteren Stellen oder am Bestandesrand, während sie im geschlossenen Rotbuchenwald mehr oder weniger zurücktritt. Im Niederwuchs sind auch hier die anspruchsvollen Arten stärker vertreten als die bodensauren Arten oder die Begleiter des bodensauren Eichenwaldes.

Haushalt: Diese Rotbuchenwälder finden wir nur in der unteren Buchenstufe meist dort, wo der Mensch durch seine Eingriffe den anspruchsvollen Rotbuchen-Tannen-Mischwald vernichtet hat und den Arten des bodensauren Eichenwaldes das Aufkommen ermöglichte. Demnach sind die Wasser- und Nährstoffverhältnisse des Bodens je nach dem Grad der menschlichen Eingriffe verschieden, sie sind aber immer noch so gut, daß die anspruchsvollen Laubwaldarten gute Lebensmöglichkeiten finden.

Entwicklung: Wie schon erwähnt, bilden diese Wälder meist Verwüstungsstadien von anspruchsvolleren Tannen-Rotbuchen-Wäldern. In selteneren Fällen kann auch im Zuge des primären Aufbaues der bodensaure Eichenwald eine solche Güte erreicht haben, daß die Rotbuche lebenskräftig aufkommen und sich durchsetzen konnte.

Einen solchen kräuterreichen Rotbuchenwald untersuchte ich bei der Riederhöhe im Vorderen Wienerwald in 400 m Seehöhe auf einem schwach geneigten Westhang.

Floristischer Aufbau:

Baumschicht:

Fagus silvatica	5.5

Strauchschicht:

Quercus Robur	1.1

Niederwuchs:

Asperula odorata	2.2	*Veronica officinalis*	1.1
Carex pilosa	2.2	*Hieracium umbellatum*	1.1
Luzula albida	2.2	*Festuca heterophylla*	+.2
Lathyrus vernus	1.1	*Listera ovata*	+
Sanicula europaea	1.1	*Veronica Chamaedrys*	+
Phyteuma spicatum	1.1	*Pulmonaria officinalis*	+
Hieracium silvaticum	1.1	*Daphne Mezereum*	+
Euphorbia amygdaloides	1.1	*Symphytum tuberosum*	+
Anemone nemorosa	1.1	*Solidago Virgaurea*	+
Viola silvestris	1.1	*Stellaria Holostea*	+
Galium silvaticum	1.1	*Campanula persicifolia*	+

Daraus ersehen wir, daß die Rotbuche die Baumschicht beherrscht und daß die Stieleiche als licht-bedürftige Holzart bereits zurückgedrängt ist.

Ich stelle diesen Wald zum kräuterreichen Rotbuchen-Ausschlagwald, der sich ehemals aus dem bodensauren Eichenwald heraufentwickelt hat und sich früher oder später zum kräuterreichen Tannen-Rotbuchen-Mischwald weiterentwickeln würde (Quercetum Roboris acidiferens sec. ↗ Fagetum herbosum ↗ FAGETUM regerminatum herbosum ↗ Abieteto-Fagetum).

Der ausschlagartige Wuchs, das Vorherrschen der Rotbuche, das Zurücktreten der Tanne in der Baumschicht, lassen vermuten, daß wir es mit einem Ausschlagwald zu tun haben, der schon ehemals einen um vieles höheren Stand der Entwicklung erreicht und Tannenbeimischung besessen hatte, aber durch waldverwüstende Eingriffe, insbesondere den Niederwaldbetrieb, zum Buchenreinbestand herabgewirtschaftet wurde.

Wir haben es hier also mit einem Rotbuchenwald zu tun, dessen Baumschicht die Rotbuche beherrscht und dessen Unterwuchs neben der Fülle von anspruchsvollen Laubwaldarten schon eine Anzahl von Arten des bodensauren Eichenwaldes beherbergt.

Es handelt sich hier nicht um einen bodensauren Rotbuchenwald (Fagetum acidiferens), sondern um einen kräuterreichen Rotbuchenwald (Fagetum herbosum), der Beziehungen zum bodensauren Eichenwald besitzt. Er wurde durch waldverwüstende Eingriffe vom anspruchsvollen Rotbuchenwald herabgewirtschaftet und wird, wenn die waldverwüstenden Eingriffe anhalten, zum bodensauren Rotbuchenwald, zum bodensauren Eichenwald, ja zur *Calluna*-Heide im Sinne folgender schematischer Darstellung herabgewirtschaftet werden.

Kräuterreicher
Tannen-Rotbuchen-Mischwald

↓

Niederwaldbetrieb

↓

Niederwaldbetrieb,
Streunutzung

↓

Bodensaurer Rotbuchenwald

↓

Niederwaldbetrieb,
Streunutzung

↓

Bodensaurer Eichenwald

↓

Niederwaldbetrieb,
Streunutzung

↓

Calluna-Heide

Hier liegt die Erklärung vom Tannensterben im Vorderen Wienerwald.

An der Grenze vom pannonischen Raum kann die Tanne an und für sich nur unter den günstigsten Umweltbedingungen (Bodenfrische, Luftfeuchtigkeit durch Beschattung) ihre Lebensbedürfnisse befriedigen.

Unweigerlich wird sie hier durch Kahlschlagbetrieb, Niederwaldbetrieb, ja sogar lichten Schirmschlagbetrieb geschwächt und damit zurückgedrängt.

Die verschiedenen Schädlinge haben nur sekundäre Bedeutung. –

Hierher gehören auch folgende Wälder.

Der floristische Aufbau dieser Wälder ist gekennzeichnet durch das mehr oder weniger starke Zurücktreten der anspruchsvollen Arten im Niederwuchs und das stärkere, ja herrschende Auftreten bodensaurer Arten und insbesondere der für den bodensauren Eichenwald bezeichnenden Arten. Die für den Rotbuchenwald so bezeichnenden Arten fehlen oder treten zurück.

Es handelt sich bei diesen Wäldern um Verwüstungsstadien kräuterreicher Rotbuchenwälder der unteren Buchenstufe.

Schematische Darstellung: Waldentwicklung vom besenreichen Rotföhrenwald über den Eichen-Hainbuchenwald zum Rotbuchen-Tannenwald (Callunetum ↗ Pinetum silvestris acidiferens ↗ Querceto-Carpinetum ↗ Fageto-Abietetum).

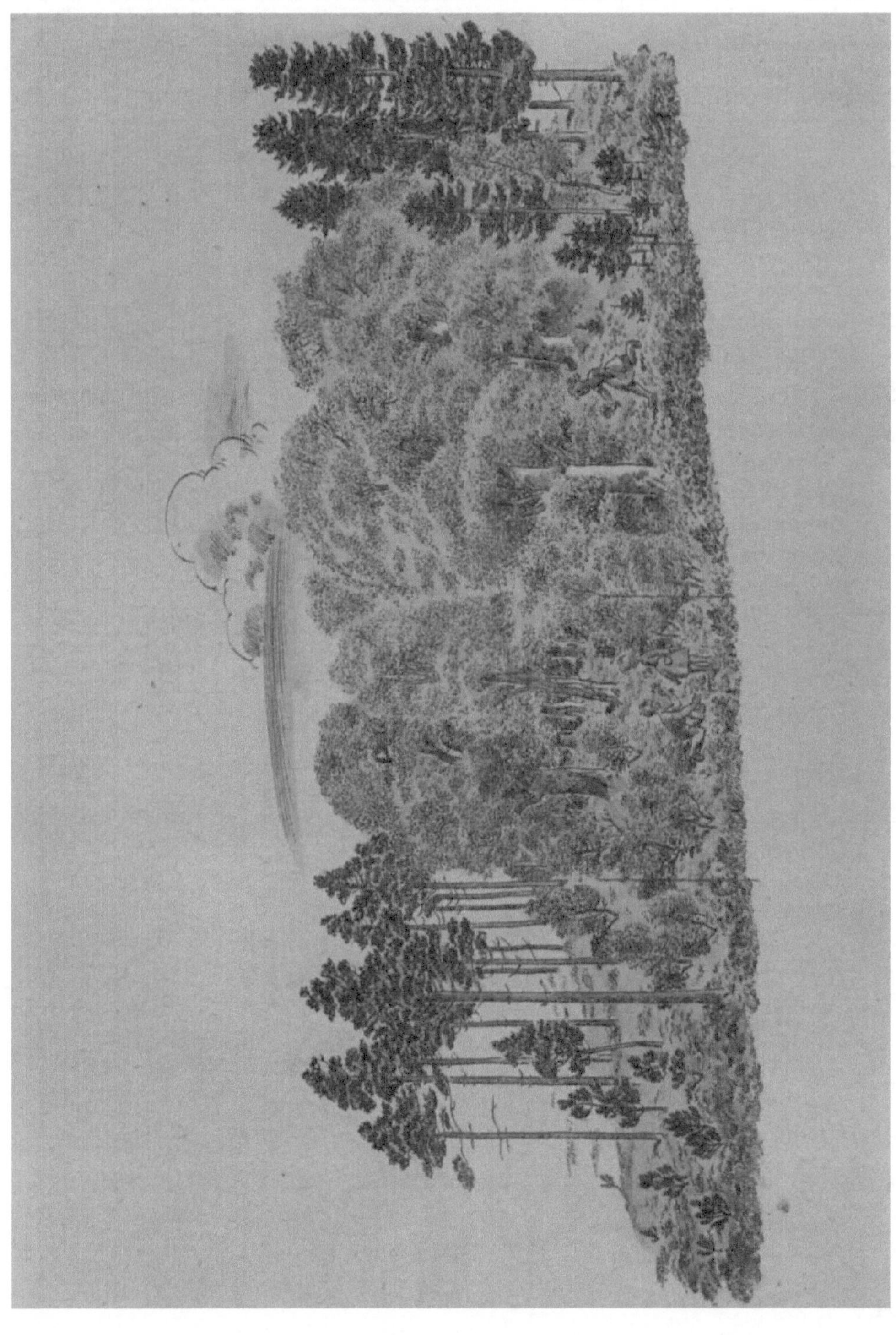

Beispiele:

Nr. der Aufnahme		1	2	3	4	5
Meereshöhe in Metern				400	750	
Himmelslage		N	N	NW	S	S
Neigung in Graden		15	15	5	15	5
Baumschicht:	Bestockung	0,6	0,8	0,7	0,7	0,9
Fagus silvatica		4.5	5.5	5.5	0.7	5.5
Quercus Robur		1.1°			0.1	+
Picea excelsa		1.1°	2.1			
Carpinus Betulus		+°			0.2	
Pinus silvestris		+°				
Betula verrucosa		+°				
Strauchschicht:						
Fagus silvatica		1.1	1.1		+	+
Picea excelsa		+°	2.3		1.1	
Quercus Robur		+	+		+	
Corylus Avellana			+			
Rhamnus Frangula			+			
Sorbus aucuparia			+			
Abies alba					1.1	
Carpinus Betulus					1.1	
Tilia platyphyllos					+	
Crataegus monogyna					+	
Cerasus avium					+	
Sarothamnus scoparius						+
Niederwuchs:						
Luzula albida		+	+	2.2	3.2	+.2
Melampyrum pratense		+	+	1.1	2.2	
Veronica officinalis			+	1.1	+.2	+.2
Vaccinium Myrtillus		5.5	5.3	+.2		
Hieracium umbellatum			1.1	+	2.1	
Dryopteris Filix-mas		2.1	+			+
Majanthemum bifolium		+	+	1.2		
Hieracium Lachenalii		+	+			+
Deschampsia flexuosa				4.4		+.2
Hieracium silvaticum					2.1	1.1
Picea excelsa		2.1	1.1			
Galium silvaticum				+°	2.2	
Campanula persicifolia				+	2.2	
Vaccinium Vitis-idaea		1.2	+			

Nr. der Aufnahme	1	2	3	4	5
Meereshöhe in Metern			400	750	
Himmelslage	N	N	NW	S	S
Neigung in Graden	15	15	5	15	5
Blechnum Spicant	1.2	+			
Festuca heterophylla			+	1.2	
Solidago Virgaurea			+	1.1	
Pteridium aquilinum	+	1.1			
Viola silvestris		+			+
Veronica Chamaedrys				+	+
Cytisus hirsutus		+		+	
Prenanthes purpurea		+			+
Polypodium vulgare		+		+	
Cytisus nigricans				1.2	
Anthoxanthum odoratum					1.2
Carex pilosa				1.2°	
Teucrium Scorodonia					1.1
Pirola secunda		+.3			
Oxalis Acetosella		+			
Salvia glutinosa		+			
Knautia drymeia		+			
Asperula odorata			+		
Campanula Trachelium				+	
Digitalis grandiflora				+	
Lapsana communis					+
Mycelis muralis					+
Geranium Robertianum					+
Fragaria vesca					+
Poa nemoralis					+
Mercurialis perennis					+
Senecio nemorensis					+
Calluna vulgaris	+				
Luzula pilosa	+				
Sieglingia decumbens	+				
Lathyrus montanus	+				
Athyrium Filix-femina	+				
Betonica officinalis		+			
Genista germanica			+		
Stellaria Holostea			+		
Arabidopsis Thaliana				+	
Euphorbia Cyparissias				+	

Nr. der Aufnahme	1	2	3	4	5
Meereshöhe in Metern			400	750	
Himmelslage	N	N	NW	S	S
Neigung in Graden	15	15	5	15	5
Rumex Acetosella					+
Castanea sativa					+
Digitalis purpurea					+
Moose:					
Polytrichum formosum	3.3	2.2			
Rhytidiadelphus triquetrus	+.2	+			
Pleurozium Schreberi	1.2				
Hylocomium splendens	1.2				
Plagiothecium undulatum	+.2				
Dicranum undulatum	+.2				
Rhytidiadelphus loreus		+			

Den 0,6 bestockten Rotbuchenwald der Aufnahme Nr. 1 untersuchte ich auf einem 15 Grad geneigten glazial-fluviatilen Boden im Westen von Schlatten ober Rosenbach in Kärnten.

Ich stelle diesen Wald zur Fichten-Ausbildung des heidelbeerreichen Rotbuchen-Ausschlagwaldes, der durch Niederwaldbetrieb und Streunutzung aus dem Rotbuchen-Tannenwald entstanden ist und sich früher oder später nach Aufhören des Ausschlagbetriebes und der Streunutzung sicherlich wieder zum Rotbuchen-Tannenwald entwickeln würde. Es handelt sich hier um einen Wald, der ehemals im bodenfrischen Eichen-Hainbuchenwald aufgekommen ist (Querceto Roboris - Carpinetum ↗ Abieteto-Fagetum herbosum ↘ FAGETUM piceetosum myrtillosum regerminatum).

Wir haben es hier mit einem bodensauren Rotbuchenwald zu tun. Die Rotbuche beherrscht die Baumschicht, begleitet von wenig lebenskräftigen Stieleichen, Hainbuchen, Birken, Fichten, Rotföhren. Der Niederwuchs wird von bodensauren Arten beherrscht, insbesondere von der Heidelbeere. Auch Arten des bodensauren Eichenwaldes treten auf, z. B. *Quercus Robur, Carpinus Betulus, Melampyrum pratense, Lathyrus montanus.*

Ich habe diesen Wald zur Fichten-Ausbildung gestellt, weil die Fichte in diesem Walde natürlich vertreten ist, ja sogar einen größeren Anteil hätte, wenn die Landwirtschaft nicht aus Gründen der Streunutzung die Fichte zurückgedrängt hätte.

Der Haushalt dieses Waldes ist gekennzeichnet durch den sauren, trockenen Silikatgeschiebeboden, durch seine Lage am sehr luftfeuchten Nordhang der unteren Buchenstufe und durch die alljährlich erfolgende Streunutzung des Rotbuchenwaldes.

Der Gang der Vegetationsentwicklung geht aus folgender schematischen Darstellung hervor:

Schematische Darstellung der absteigenden Waldentwicklung durch Streunutzung und Niederwaldbetrieb und Aufstieg der Waldentwicklung nach Unterbleiben der waldverwüstenden Eingriffe.

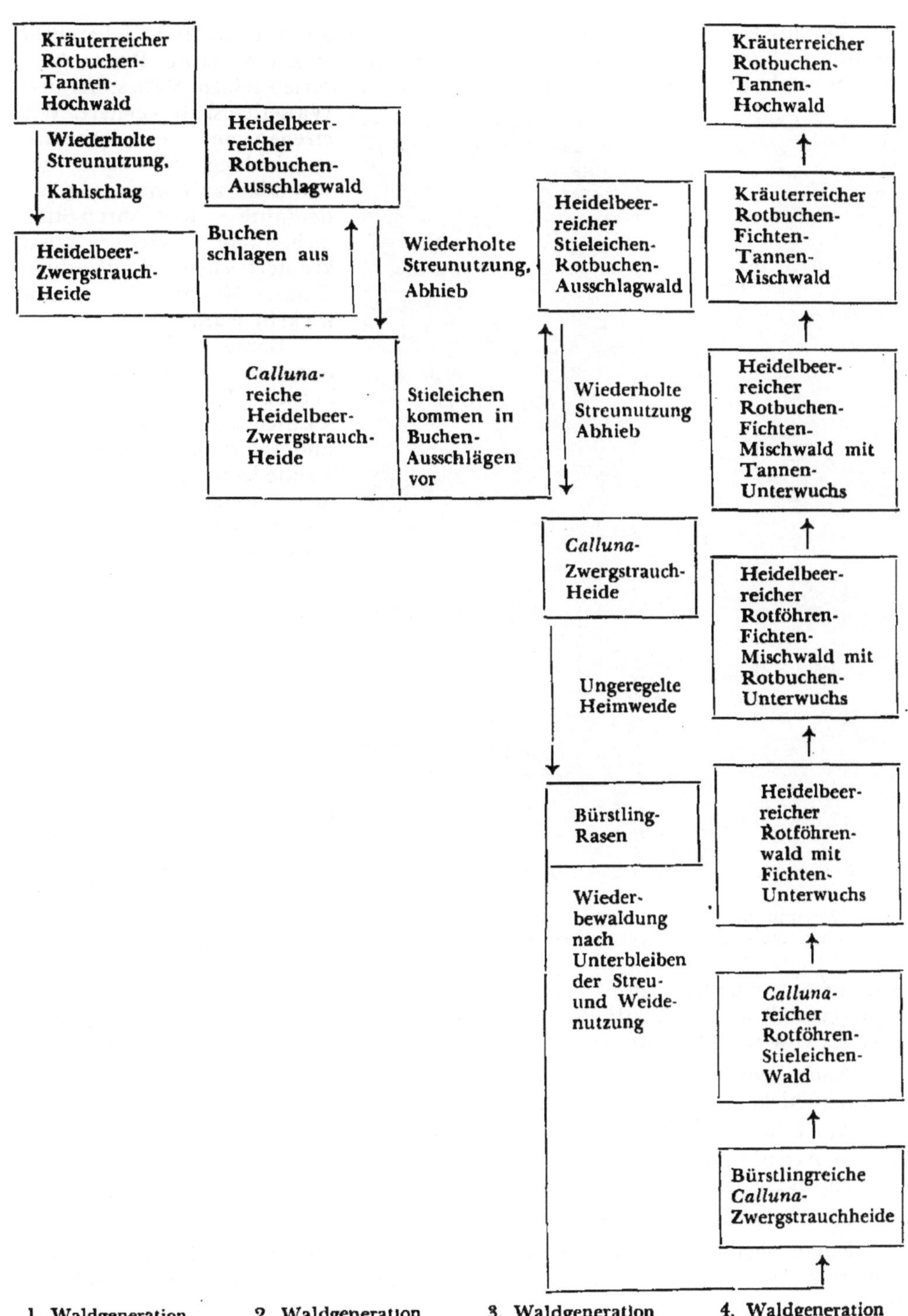
Kräuterreicher Rotbuchen-Tannen-Hochwald
Wiederholte Streunutzung, Kahlschlag
Heidelbeer-Zwergstrauch-Heide
Buchen schlagen aus
Heidelbeer-reicher Rotbuchen-Ausschlagwald
Wiederholte Streunutzung, Abhieb
Calluna-reiche Heidelbeer-Zwergstrauch-Heide
Stieleichen kommen in Buchen-Ausschlägen vor
Heidelbeer-reicher Stieleichen-Rotbuchen-Ausschlagwald
Wiederholte Streunutzung Abhieb
Calluna-Zwergstrauch-Heide
Ungeregelte Heimweide
Bürstling-Rasen
Wiederbewaldung nach Unterbleiben der Streu- und Weidenutzung
Kräuterreicher Rotbuchen-Tannen-Hochwald
Kräuterreicher Rotbuchen-Fichten-Tannen-Mischwald
Heidelbeer-reicher Rotbuchen-Fichten-Mischwald mit Tannen-Unterwuchs
Heidelbeer-reicher Rotföhren-Fichten-Mischwald mit Rotbuchen-Unterwuchs
Heidelbeer-reicher Rotföhrenwald mit Fichten-Unterwuchs
Calluna-reicher Rotföhren-Stieleichen-Wald
Bürstlingreiche *Calluna*-Zwergstrauchheide
1. Waldgeneration
2. Waldgeneration
3. Waldgeneration
4. Waldgeneration

Daraus ersehen wir, daß sekundär ein bodensaurer Rotföhren-Eichenwald in der *Calluna*-Heide aufkommen kann, wenn der kräuterreiche Rotbuchen-Tannenwald durch Streunutzung und Niederwaldbetrieb seinen Nährstoff- und Wasserhaushalt verliert. Wir ersehen aus der Aufwärtsentwicklung, wie sich der sekundär aufkommende bodensaure Rotföhren-Stieleichenwald wieder zum kräuterreichen Rotbuchen-Tannen-Mischwald entwickeln würde.

Nach Streunutzung des Rotbuchen-Tannenwaldes kommt die Fichte sekundär auf (Fagetum herbosum ↘ Piceetum).

Daraus ziehen wir folgende w i r t s c h a f t - l i c h e F o l g e r u n g e n: Kahlschlag, Streunutzung sind sofort einzustellen. Die Tanne kann erst dann unterbaut werden, wenn anspruchsvolle Arten im Niederwuchs aufkommen und einen guten Wasser- und Nährstoffhaushalt erkennen lassen.

Tausend Meter östlich davon untersuchte ich unter sonst gleichen Standortsverhältnissen einen bodensauren Rotbuchenwald, den ich unter Nr. 2 der Liste anführe.

Ich stelle diesen Wald zum heidelbeerreichen Fichten - Rotbuchen - Mischwald, der sich ehemals über einen Stieleichen-Hainbuchenwald heraufentwickelt hat und nunmehr sekundär zum kräuterreichen Rotbuchen-Tannenwald führt (Querceto Roboris-Carpinetum ↗ Abieteto-Fagetum herbosum ↘ Piceeto-FAGETUM myrtillosum regerminatum ↗ Abieteto-Fagetum herbosum).

Auch hier herrscht die Rotbuche, begleitet von Fichte in Baum- und Strauchschicht und Niederwuchs.

Auch hier tritt die Heidelbeere herrschend hervor, begleitet von bodensauren Arten.

Die Rotbuchen dieses Einzelbestandes haben einen Brusthöhendurchmesser von 10—50 cm bei 0,7 Bestockung.

Einen 95jährigen Rotbuchenwald untersuchte ich auf der Riederhöhe im Vorderen Wienerwald auf einem schwach geneigten Nordwesthang in 400 m Seehöhe.

Der floristische Aufbau ist unter Nr. 3 der Liste (vgl. S. 61) aufgezeigt.

Ich stelle diesen Wald zum Draht-Schmielen-reichen Rotbuchen-Ausschlagwald, der sich ehemals über einen Eichen-Hainbuchenwald heraufentwickelt hat, aber durch Niederwaldbetrieb und Streunutzung vom kräuterreichen Rotbuchen-Tannen-Mischwald herabgewirtschaftet wurde (Querceto Roboris-Carpinetum ↗ Abieteto-Fagetum herbosum ↘ FAGETUM regerminatum deschampsiosum flexuosae).

Hier haben wir es nicht mehr mit einem bodenfrischen Rotbuchenwald zu tun, sondern schon mit einem bodensauren Rotbuchenwald. Die Rotbuche beherrscht als Ausschlagholzart die Baumschicht und im Niederwuchs herrschen die Bodensäure ertragenden Arten vor, begleitet von wärmebedürftigen Arten des Eichen-Hainbuchenwaldes, z. B. *Stellaria Holostea* und *Campanula persicifolia*.

Die Beziehung zum bodensauren Eichen-Hainbuchenwald ist schon dadurch gegeben, daß in den Lücken dieses Waldes überall die Stieleiche und die Hainbuche auftreten und in unserem Walde Leitpflanzen des bodensauren Eichenwaldes vertreten sind.

Dazu kommt, daß die wenigen anspruchsvollen Arten des Rotbuchenwaldes sehr geringe Lebenskraft zeigen.

Wird dieser Wald hier auf diesem grobsandigen, sauren, wasserdurchlässigen Boden geschlagen, so können wohl Ausschlaghorste der Rotbuche aufkommen, niemals aber Kernwüchse, weil diesen der Boden viel zu trocken und nährstoffarm ist.

Die Forstwirtschaft greift dann meist zur Rotföhre. Sie erreicht damit aber nichts, weil die Rotföhre den Boden nicht verbessern kann, sondern im Gegenteil verschlechtert. Es bildet sich eine saure Auflagehumusschicht, in der ein reichliches Bodenleben fehlt. Wir müssen in diesem Falle durch Unterbau von Hainbuche oder Rotbuche dem Boden Schutz bieten und damit der Bodenverschlechterung entgegenwirken.

Würden die waldverwüstenden Eingriffe anhalten, so würde der Wald zum bodensauren Eichenwald, ja sogar zum bodensauren Rotföhrenwald, ja selbst zur *Calluna*-Heide degradiert werden. Mit Aufhören der waldverwüstenden Eingriffe führt ganz von selbst die Vegetationsentwicklung zum kräuterreichen Rotbuchen-Tannen-Mischwald.

Den im Beispiel Nr. 4 (Seite 64) aufgezeigten, 0,7 bestockten Rotbuchenwald untersuchte ich auf einem 15 Grad Süd geneigten Hang im Bärenschützgraben bei Mixnitz in Mittelsteiermark in 750 m Seehöhe.

Ich stelle diesen Wald zum Weiß-Hainsimsen-reichen Rotbuchen-Ausschlagwald, der sich früher oder später zum kräuterreichen Rotbuchen-Tannenwald entwickeln würde, von dem er durch Niederwaldbetrieb herabgewirtschaftet wurde. Es handelt sich hier um einen Wald, der ehemals im Stieleichen-Hainbuchenwald aufgekommen ist (Querceto Roboris-Carpinetum ↗ Abieteto-Fagetum herbosum ↘ FAGETUM regerminatum luzuletosum albidae).

Die Rotbuche beherrscht, begleitet von Eichen und Hainbuchen, die Baumschicht. Die Beziehung zum Eichen-Hainbuchenwald geht schon allein daraus hervor, daß Eiche und Hainbuche in der Baum- und Strauchschicht auftreten, im Niederwuchs begleitet von Leitpflanzen des bodensauren Eichenwaldes.

Der Haushalt dieses Waldes ist gekennzeichnet durch seine Lage am sonnigen Hang der unteren Buchenstufe, durch den sauren trockenen Oberboden und durch den Niederwaldbetrieb.

Daraus ziehen wir die wirtschaftlichen Folgerungen: Niederwaldbetrieb und Streunutzung haben hier am Südhang den Wasser- und Nährstoffhaushalt so herabgesetzt, daß anspruchsvolle Arten ihre Lebensbedürfnisse nicht mehr befriedigen können und bodensauren Arten Platz machen müssen.

Mit Ausschalten dieser waldverwüstenden Eingriffe wird der Bestandesabfall wieder liegen bleiben, Bodenleben wird einziehen und der Wasser- und Nährstoffhaushalt wird steigen. Damit werden in zunehmendem Maße auch anspruchsvollere Arten aufkommen und ihre Lebensbedürfnisse befriedigen können. Die sonnige warme Lage bringt es mit sich, daß die Moose zurücktreten.

Den 50–60jährigen Rotbuchenwald der Aufnahme Nr. 5 (Seite 64) untersuchte ich auf einem schwach geneigten Südhang im Prechtal bei Freiburg im Breisgau.

Ich stelle diesen Wald zur Salbei-Gamander-Ausbildung des atlantischen Rotbuchen-Ausschlagwaldes, der sich über einen Stieleichen-Hainbuchenwald heraufentwickelt hat und durch Niederwaldbetrieb und Streunutzung sowie Ackerzwischennutzung vom kräuterreichen Rotbuchen-Tannenwald herabgewirtschaftet wurde (Querceto Roboris - Carpinetum ↗ Abieteto-Fagetum herbosum ↘ FAGETUM regerminatum acidiferens teucrietosum Scorodoniae).

Wir haben es hier mit einem bodensauren Rotbuchenwald zu tun, in dem die Rotbuche völlig die Baumschicht beherrscht.

Die Beziehung zum bodensauren Eichenwald ist klar. Der Rotbuchenwald hat sich ehemals über einen Eichen-Hainbuchenwald heraufentwickelt und wird bei waldverwüstenden Eingriffen zum bodensauren Stieleichenwald degradiert. Die Stieleiche ist noch in der Baumschicht vertreten, im Niederwuchs begleitet von einer ganzen Reihe von Leitpflanzen des bodensauren Eichenwaldes.

Ich habe den Salbeiblättrigen Gamander zur Bezeichnung dieser besonderen Ausbildung herangezogen, um damit aufzuzeigen, daß dieser Wald im atlantischen Klimagebiet liegt. Der salbeiblättrige Gamander *(Teucrium Scorodonia)* gehört dem atlantischen Klimagebiet an und ist hier für den bodensauren Eichenwald bezeichnend.

Der Haushalt ist gekennzeichnet durch seine Lage am schwach geneigten Südhang der unteren Buchenstufe, durch den sauren Boden und die Lage auf ehemaligem Weidefeldboden.

Die Vegetationsentwicklung geht aus folgender schematischen Darstellung hervor. Sie ist besonders kennzeichnend für sehr luftfeuchte, tiefliegende, warme Lagen auf ebenen bis schwach Süd geneigten Böden.

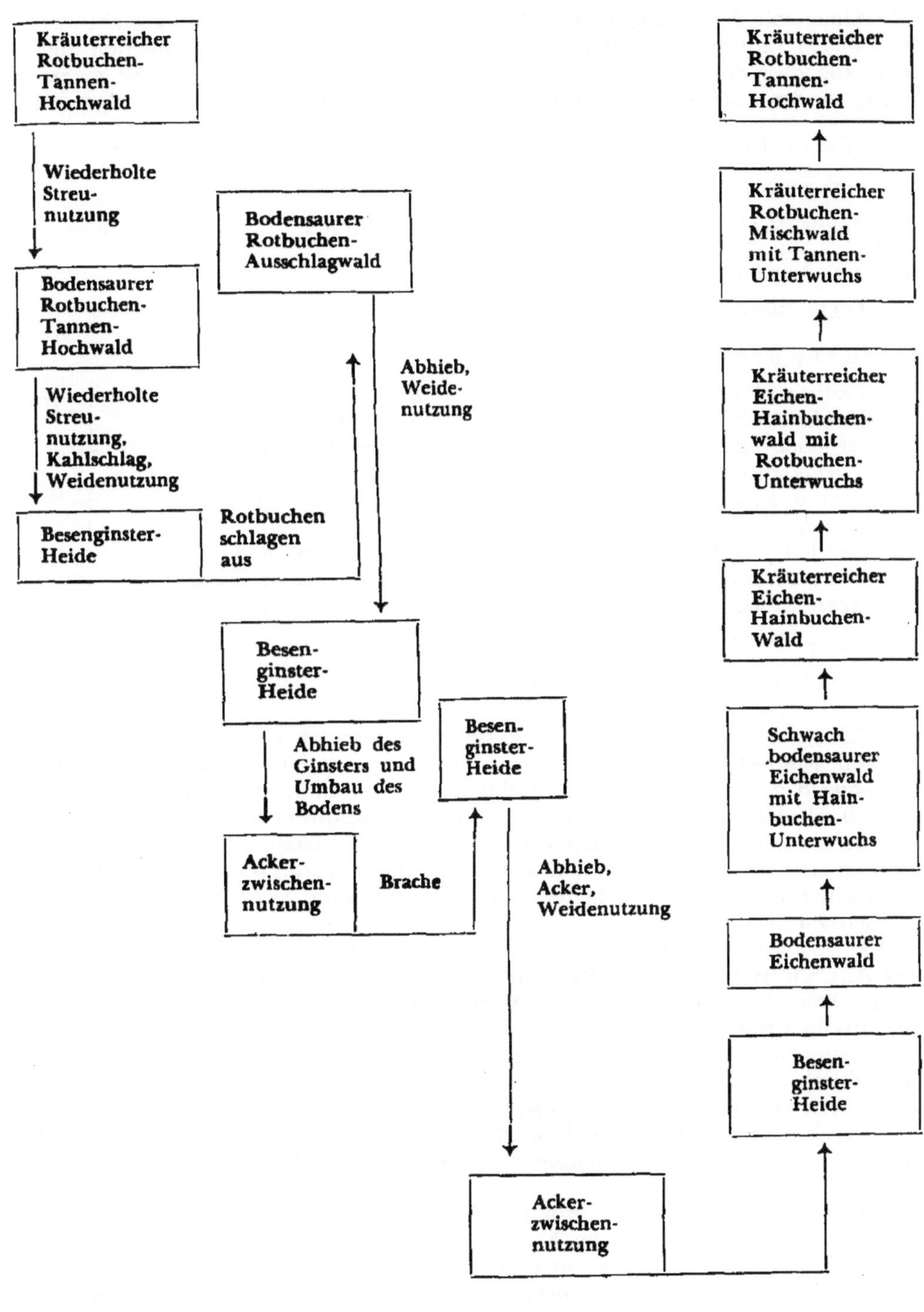
Kräuterreicher Rotbuchen-Tannen-Hochwald
Wiederholte Streunutzung
Bodensaurer Rotbuchen-Tannen-Hochwald
Wiederholte Streunutzung, Kahlschlag, Weidenutzung
Besenginster-Heide
Rotbuchen schlagen aus
Bodensaurer Rotbuchen-Ausschlagwald
Abhieb, Weidenutzung
Besenginster-Heide
Abhieb des Ginsters und Umbau des Bodens
Ackerzwischennutzung
Brache
Besenginster-Heide
Abhieb, Acker, Weidenutzung
Ackerzwischennutzung
Kräuterreicher Rotbuchen-Tannen-Hochwald
Kräuterreicher Rotbuchen-Mischwald mit Tannen-Unterwuchs
Kräuterreicher Eichen-Hainbuchenwald mit Rotbuchen-Unterwuchs
Kräuterreicher Eichen-Hainbuchen-Wald
Schwach bodensaurer Eichenwald mit Hainbuchen-Unterwuchs
Bodensaurer Eichenwald
Besenginster-Heide
1. Waldgeneration
2. Waldgeneration
3. Waldgeneration
4. Waldgeneration

Einen mit dem bodensauren Traubeneichenwald in Beziehung stehenden Rotbuchen-Tannenwald untersuchte ich auf einem 5—10 Grad geneigten Südwesthang ober der Autostraße Freiburg i. Br. — Schauinsland in 780 m Seehöhe, in der unteren Buchenstufe auf Silikat-Unterlage und fand folgenden

floristischen Aufbau:

Baumschicht:

Fagus silvatica	Bestockung 0,7	*Abies alba*	Bestockung 0,3

Strauchschicht:

Fagus silvatica	+.3

Niederwuchs:

Festuca silvatica	5.5	*Abies alba*	+
Oxalis Acetosella	2.2	*Prenanthes purpurea*	+
Asperula odorata	1.2	*Athyrium Filix-femina*	+
Luzula silvatica	1.2	*Dryopteris austriaca*	
Senecio Fuchsii	1.1	subsp. *spinulosa*	+
Luzula albida	+.2⁰	*Dryopteris Filix-mas*	+
Deschampsia flexuosa	+.2⁰	*Scrophularia nodosa*	+
Viola silvestris	+	*Moehringia trinervia*	+
Acer Pseudoplatanus	+		

Moose:

Atrichum undulatum	+.2

Ich stelle den Wald dieser Aufnahme zum schwach sauren Waldschwingel-reichen Rotbuchen-Tannenwald, der sich über einen bodensauren Traubeneichenwald zum kräuterreichen Rotbuchen-Tannenwald heraufentwickelt hat und durch die drainierende Wirkung des Weganschnittes seinen guten Wasserhaushalt verloren hat, sich aber bei pfleglicher Wirtschaft wieder zum kräuterreichen Tannen-Rotbuchen-Mischwald entwickeln würde (Quercetum petraeae silicicolum acidiferens ↗ Abieteto-Fagetum herbosum ↘ Abieteto-FAGETUM festucosum silvaticae).

Es handelt sich hier um einen Wald, der durch die drainierende Wirkung des Anschnittes der Autostraße seinen guten Wasserhaushalt verloren hat und daher vom Kräuter-reichen zum Waldschwingel-reichen Rotbuchen-Tannen-Mischwald herabgewirtschaftet wurde.

Langsam wird er sich aber wieder auf die geänderten Verhältnisse umstellen und durch reichlichen Bestandesabfall die Bodengüte so heben, daß sich ein kräuterreicher Tannen-Rotbuchen-Mischwald durchsetzen kann. Der Waldschwingel zeigt schwache Rohhumusbildung an und vermag sich auch dann noch zu halten, wenn der Wasser- und Nährstoffhaushalt des Bodens gut geworden ist.

Die Tanne nimmt nicht nur in der Baumschicht einen großen Platz ein, sondern verjüngt sich auch im Niederwuchs.

Der Haushalt dieses Waldes ist gekennzeichnet durch seine Lage am sonnigen Hang der unteren Buchenstufe und durch den mäßig frischen und mäßig nährstoffreichen Boden. —

Seine windausgesetzte Lage am schwach Südwest geneigten Plateau legt uns Beschränkungen in der Wirtschaftsführung auf.

Kahlschlag begünstigt die Aushagerung des Bodens und muß unterbleiben.

Einen Rotbuchenwald untersuchte ich auf einem ursprünglich sehr trokkenen Greifensteiner Sandsteinboden in der Flyschzone des Vorderen Wienerwaldes hinter Scheiblingstein auf einem schwach geneigten Nordhang in 427 m Seehöhe.

Floristischer Aufbau:

Baumschicht:

Fagus silvatica Bestockung 0,7
Carpinus Betulus Bestockung 0,2
Quercus Robur Bestockung 0,1

Niederwuchs:

Asperula odorata	3.2	*Viola silvestris*	+
Sanicula europaea	1.2	*Poa nemoralis*	+
Oxalis Acetosella	1.2	*Galium silvaticum*	+
Lamium Galeobdolon	1.1	*Milium effusum*	+
Anemone nemorosa	1.1	*Carex silvatica*	+
Dentaria bulbifera	1.1	*Abies alba*	+
Salvia glutinosa	+.2	*Paris quadrifolia*	+
Phyteuma spicatum	+	*Dactylis Aschersoniana*	+
Hieracium silvaticum	+	*Stellaria Holostea*	+
Polygonatum multiflorum	+	*Prenanthes purpurea*	+
Mycelis muralis	+	*Senecio Fuchsii*	+

Ich stelle diesen Wald zur Waldmeister-reichen Hainbuchen-Ausbildung des kräuterreichen Rotbuchenwaldes, der sich über einen Stieleichen-Hainbuchenwald heraufentwickelt hat und sich weiter zum Rotbuchen-Tannen-Mischwald entwickeln würde (Querceto Roboris - Carpinetum acidiferens ↗ FAGETUM carpinetosum asperulosum odoratae ↗ Abieteto-Fagetum).

Die Rotbuche beherrscht hier die Baumschicht, begleitet von Stieleichen und Hainbuchen. Im Niederwuchs treten Arten, die an den Wasser- und Nährstoffhaushalt große Ansprüche stellen, hervor, die lichtbedürftigen Arten des Eichen-Hainbuchenwaldes treten mehr oder weniger zurück, so z. B. *Stellaria Holostea* und *Dactylis Aschersoniana.* Das lebenskräftige Aufkommen von Tannenkeimlingen spricht für die Güte des Standortes.

Der Haushalt ist also gekennzeichnet durch seine Lage in der unteren Buchenstufe, durch den guten Wasser- und Nährstoffhaushalt.

Wirtschaftliche Folgerungen: Auf diesen ursprünglich sehr trockenen und nährstoffarmen Böden konnte sich durch die pflegliche Waldwirtschaft im Laufe der Jahrhunderte ein guter Wasser- und Nährstoffhaushalt aufbauen, so daß die Holzarten bestes Wachstum erhielten und selbst die so anspruchsvolle Tanne natürlich aufkommen konnte.

Bei unpfleglicher Wirtschaft, so insbesondere bei Großkahlschlagbetrieb und Streunutzung, wird dem Boden seine Güte genommen und die Tanne kann nicht mehr lebenskräftig aufkommen.

So wurde im anschließenden Wald durch Streunutzung dem Boden der gute Wasser- und Nährstoffhaushalt genommen. Die anspruchsvolleren Arten verloren ihre Lebenskraft und gingen zurück. Die anspruchslosen Arten des bodensauren Eichenwaldes aber breiteten sich aus, so insbesondere *Melampyrum pratense, Hieracium umbellatum, Genista germanica, Betonica officinalis, Luzula albida, Platanthera bifolia, Deschampsia flexuosa, Potentilla erecta (= P. Tormentilla).* Der nährstoffreiche Rotbuchenwald wurde zum nährstoffarmen, bodensauren Rotbuchenwald und weiter zum bodensauren Eichenwald herabgewirtschaftet.

Geht die Waldverwüstung durch Streunutzung noch weiter, so führt die Vegetationsentwicklung, wie hier an Beispielen zu sehen, zur *Calluna*-Zwergstrauchheide, wie die schematische Darstellung zeigt.

Die Vegetationsentwicklung kann hier folgenden Weg gehen:

Kräuterreicher Rotbuchen-Tannen-Mischwald
↓ Streunutzung, Kahlschlagbetrieb
Bodensaurer Rotbuchenwald
↓ Streunutzung, Kahlschlagbetrieb
Bodensaurer Rotbuchenwald
↓ Streunutzung, Kahlschlagbetrieb
Bodensaurer Stieleichenwald
↓ Streunutzung, Kahlschlagbetrieb
Bodensaurer Stieleichenwald
↓ Streunutzung, Kahlschlagbetrieb
Calluna-Zwergstrauchheide.

Daraus ziehen wir die Erkenntnis, daß wir gerade hier auf den ursprünglich sehr trockenen, nährstoffarmen Sandböden jede waldverwüstenden Eingriffe unterlassen und den Wald so pfleglich wie möglich bewirtschaften müssen.

Bodensaure Rotbuchenwälder in Entwicklung zu kräuterreichen Rotbuchen-Tannenwäldern.

Der floristische Aufbau dieser Rotbuchenwälder unterscheidet sich von den bisher aufgezeigten bodensauren Rotbuchenwäldern vor allem durch das mehr oder weniger lebenskräftige Auftreten der Tanne in der Baum- und Strauchschicht, die in den übrigen bodensauren Rotbuchenwäldern fehlt oder mehr oder weniger zurücktritt. Der Niederwuchs ist ähnlich den anderen bodensauren Rotbuchenwäldern zusammengesetzt aus meist bodensauren Arten, während die anspruchsvollen Laubwaldarten zurücktreten.

Auch diese Wälder sind meist Verwüstungsstadien von bodenfrischen Rotbuchen-Tannenwäldern, die durch menschliche Eingriffe herabgewirtschaftet wurden.

Die Haushaltsverhältnisse sind dadurch gekennzeichnet, daß diese Wälder nicht auf dem Höhepunkt der Entwicklung stehen, sondern diesen erst bei pfleglicher Bewirtschaftung erreichen können. –

Beispiele:

Nr. der Aufnahme	1	2	3	4	5
Meereshöhe in Metern	470	760	935	870	705
Himmelslage	S	SW	S	N	S
Neigung in Graden	20	10	5–10	20	5–10
		Bestockung		Bestockung	Bestockung
Baumschicht:				0,6	0,9
Fagus silvatica	5.5	0,8	5.5	0,7	0,8
Abies alba	+	0,2	+	0,3	0,2
Picea excelsa				+	
Strauchschicht:					
Fagus silvatica	1.2		+	+	1.1
Abies alba			1.1	+	
Sorbus aucuparia	+				+
Betula verrucosa	+				
Prunus avium	+				
Acer Pseudoplatanus				+	
Picea excelsa				+	
Ilex Aquifolium					+
Niederwuchs:					
Luzula silvatica	+.2	+.2	+.4	5.5	5.5
Deschampsia flexuosa	3.2	3.3	+	+	2.2
Fagus silvatica	2.1	2.1	2.1	+	2.2
Abies alba	1.1	+	1.1	+	+
Luzula albida	2.2	1.2	5.5		+
Vaccinium Myrtillus	1.2				3.2
Oxalis Acetosella			2.2	+.2	
Acer Pseudoplatanus	+			+	
Veronica officinalis	+	+			
Prenanthes purpurea			+	+	
Melampyrum pratense					2.2
Rubus idaeus				1.1	
Athyrium Filix-femina				+.2	
Dryopteris austriaca subsp. *spinulosa*				+.2	
Hieracium Lachenalii	+				
Picea excelsa	+				
Lathyrus montanus	+				
Quercus petraea	+				
Solidago Virgaurea			+		

Nr. der Aufnahme	1	2	3	4	5
Meereshöhe in Metern	470	760	935	870	705
Himmelslage	S	SW	S	N	S
Neigung in Graden	20	10	5–10	20	5–10
Digitalis purpurea			+		
Adenostyles Alliariae				+	
Senecio Fuchsii				+	
Moose:					
Dicranum undulatum	3.3	1.3			
Hylocomium splendens		1.3			1.3
Leucobryum glaucum	2.2				

Den Rotbuchenwald der Aufnahme Nr. 1 untersuchte ich ober der Autostraße zum Schauinsland bei Freiburg i. Breisgau auf einem 20 Grad Süd geneigten Hang in 470 m Seehöhe. Der steinige Boden ist 20 Prozent offen, die Baumschicht 15—20 m hoch, die Bäume haben einen Durchmesser von 5—30 cm in Brusthöhe gemessen.

Ich stelle diesen Wald zum Draht-Schmielen-reichen bodensauren Rotbuchenwald, der ein Waldverwüstungsstadium des über den Traubeneichen-Hainbuchen-Mischwald entwickelten kräuterreichen Rotbuchen-Tannen-Mischwaldes ist (Querceto petraeae - Carpinetum ↗ Abieteto-Fagetum herbosum ↘ FAGETUM acidiferens deschampsiosum flexuosae).

Den bodensauren Rotbuchenwald der Aufnahme Nr. 2 (vgl. S. 75) untersuchte ich in 760 m Seehöhe auf einem 10 Grad Südwest geneigten, steinigen, grusigen Boden ober der Autostraße zum Schauinsland bei Freiburg i. Breisgau.

Ich stelle diesen Wald zum Draht-Schmielen-reichen bodensauren Rotbuchen-Tannen-Mischwald, der sich ehemals über einen Traubeneichen-Hainbuchenwald zum kräuterreichen Rotbuchen-Tannen-Mischwald entwickelt hat und durch waldverwüstende Eingriffe, wie Streunutzung, Bodenaustrocknung durch Hanganschnitt, herabgewirtschaftet wurde (Querceto petraeae - Carpinetum ↗ Abieteto-Fagetum herbosum ↘ Abieteto-FAGETUM acidiferens deschampsiosum flexuosae).

Wir haben es hier mit einem bodensauren Rotbuchenwald zu tun, dessen Baumschicht 25—30 m hohe Rotbuchen mit einem Brusthöhendurchmesser von 40—50 cm beherrschen, begleitet von lebenskräftigen Tannen.

Wie ist es nun möglich, daß Rotbuche und Tanne lebenskräftig wachsen und der Oberboden trocken und sauer ist?

Die Erklärung liegt hiefür darin, daß dieser oberflächlich sehr grusige Boden wasserdurchlässig ist, also sehr zur Trockenheit neigt und durch die drainierende Wirkung des Straßenbaues seinen Wasserhaushalt verloren hat. Die Rotbuchen- und Tannenwurzeln nehmen ihren Wasser- und Nährstoffbedarf jedoch aus tieferen, wasserhältigeren Schichten. Dem ist es zuzuschreiben, daß ein prächtiger Rotbuchen-Tannenwald den oberflächlich trockenen Boden besiedelt.

Der H a u s h a l t dieses Waldes ist also gekennzeichnet durch einen sehr ungünstigen Wasser- und Nährstoffhaushalt im Oberboden und einen günstigeren Wasser- und Nährstoffhaushalt in tiefer liegenden Bodenschichten; insbesondere durch sein mildes feuchtes Klima der unteren Buchenstufe am Südwesthang.

Diese Erkenntnis ist für uns darum so wesentlich, weil wir daraus ersehen, daß die Baumschicht und der Niederwuchs verschiedene Standortsbedingungen genießen, daß die Vegetation des Unterwuchses nur den Zustand des Oberbodens zu erkennen gibt, aber nicht in der Lage ist, über den Zustand der Wurzelschicht der tiefwurzelnden Bäume etwas auszusagen. Die Beziehungen des Niederwuchses zu flachwurzelnden Holzarten, z. B. zur Fichte, sind viel enger.

Wie ist es aber doch möglich, daß Rotbuche und Tanne auch im Niederwuchs aufkommen?

Rotbuche und Tanne kommen im Niederwuchs auf, weil erstens da und dort Bodenstellen sind, die sich einen besseren Wasser- und Nährstoffhaushalt erhalten haben und zweitens ihnen das feuchte, ausgeglichene Klima besonders zusagt und sie drittens die Bodenbeschattung durch den hochwüchsigen geschlossenen Rotbuchen-Tannen-Mischwald hier am Südhang doch ertragen können.

Wird dieser Wald gelichtet oder geschlagen, so wird dem Rotbuchenwald seine Beziehung zum Tannenwald genommen, aber dafür die Beziehung zum bodensauren Eichenwald gegeben.

An Stelle von Rotbuche und Tanne kommt im Niederwuchs die Eiche auf, begleitet von Leitpflanzen des bodensauren Eichenwaldes; denn sie vermögen hier am sonnigen Hang, wenn ihnen hinreichend Licht gegeben wird, die Trockenheit des Bodens viel besser zu ertragen als Rotbuche und Tanne.

Wirtschaftliche Folgerungen: Wir haben erfahren, wie die drainierende Wirkung des Straßeneinschnittes den Boden des Oberhanges austrocknet und damit den bodenfrischen Rotbuchenwald, der in Beziehung zum Tannenwald steht, zum bodensauren oberflächlich bodentrockenen Rotbuchenwald herabwirtschaftet, einen Wald, der ebenfalls in Beziehung zum Tannenwald steht. Ferner, daß durch die anhaltende Bodenentwässerung und Streunutzung in zunehmendem Maße die anspruchsvollen Arten zurückgehen und die anspruchsloseren Arten an Boden gewinnen. Weiter haben wir erfahren, daß unser Rotbuchenwald bei Lichtung des Waldes die Beziehung zum Tannenwald verliert, dafür aber die Beziehung zum bodensauren Eichenwald erhält. Daraus schließen wir, daß besonders auf Oberhängen von Wegeinschnitten Streunutzung völlig und Lichtung des Waldes so weit als möglich unterbleiben müssen. Dann wird der Wald durch Auflagerung des Bestandesabfalles und Verarbeitung desselben durch das Bodenleben in zunehmendem Maße einen besseren Wasser- und Nährstoffhaushalt bekommen und anspruchsvolleren Arten Lebensmöglichkeiten bieten können.

Den im Beispiel Nr. 3 (vgl. S. 75/76) aufgezeigten bodensauren Rotbuchenwald untersuchte ich am 5–10 Grad geneigten Südhang beim Egartensattel im Hochblauengebiet in 935 m Seehöhe im südlichen Schwarzwald. Die Baumschicht ist 0,7 bestockt, 20 m hoch, $\frac{1}{2}$ bekront.

Ich stelle diesen Wald zum bodensauren Weiß-Hainsimsenreichen Rotbuchenwald, der durch Streunutzung und Weideraubwirtschaft vom kräuterreichen Buchen-Tannenwald herabgewirtschaftet wurde (Abieteto-Fagetum herbosum ↘ FAGETUM acidiferens luzulosum albidae).

Wir haben es hier mit einem Rotbuchenwald zu tun, der zwar optimales Buchenklimagebiet, aber völlig verarmten Boden besiedelt. Die Rotbuche beherrscht die Baumschicht, begleitet von der Tanne, und tritt auch in der Strauchschicht und im Niederwuchs von der Tanne begleitet hervor. Anspruchsvolle krautige Pflanzen fehlen völlig im Unterwuchs.

Wie ist es nun möglich, daß hier im optimalen Buchenklimagebiet gegenüber der Burgundischen Pforte, wo die atlantische Luftströmung besonders günstig einströmen kann, auf dem schwach geneigten Südhang ein so geringer Wasser- und Nährstoffhaushalt im Boden zur Verfügung steht? Die Erklärung ist einfach. Dieser Rotbuchenwald wurde durch viele Jahrzehnte in Streunutzung und Weideraubwirtschaft seiner Güte beraubt. Rotbuche und Tanne dringen als tief wurzelnde Holzarten in tiefere Bodenschichten ein, wo ihnen größere Bodengüte zur Verfügung steht als den im Oberboden wurzelnden Arten des Niederwuchses.

Die Beziehung zum Tannenwald geht nicht nur daraus hervor; daß die Tanne in der Baum-, Strauch- und Krautschicht vertreten ist, sondern daß sie dabei ist, sich hier noch mehr auszubreiten. Hier hat sie ähnlich wie in den Vogesen, wo die Konkurrenz der Fichte fehlt, geradezu als Pionierholzart Bedeutung, weil ihr das Klima zusagt wie sonst nirgends in Mitteleuropa. Sie stellt hier an die Bodengüte geringere Ansprüche als die Rotbuche, aber vermag sich als Schattholzart im Konkurrenzkampf gegenüber Rotbuche durchzusetzen.

Wirtschaftliche Folgerungen: Dieser Wald darf nicht kahlgeschlagen werden, sondern muß unter Bedachtnahme auf die Hebung des Wasser- und Nährstoffhaushaltes besonders pfleglich bewirtschaftet werden.

Einen anderen bodensauren Rotbuchenwald untersuchte ich ober der Alpeneingangsstraße Hochblauen in 870 m Seehöhe auf einem schwach geneigten Nordhang am Wege zum Egartensattel auf steingrusigem Boden.

Der floristische Aufbau ist unter Nr. 4 (Seite 75/76) aufgezeigt.

Ich stelle diesen Wald zum bodensauren Groß-Hainsimsen-reichen Rotbuchen-Tannen-Mischwald, der sich ehemals über einen bodensauren Fichtenwald heraufentwickelt hat und durch Waldweide und Streunutzung vom kräuterreichen Rotbuchen-Tannen-Mischwald herabgewirtschaftet wurde (Piceetum ↗ Abieteto-Fagetum herbosum ↘ Abieteto-FAGETUM acidiferens luzulosum silvaticae).

Wir haben es hier mit einem Rotbuchen-Tannen-Mischwald zu tun, der ehemaligen Weideboden besiedelt.

Die extensiv betriebene Weidewirtschaft und Streunutzung hatte dem Boden seine Güte genommen und der Rotbuchenwald ist hier in seinem optimalen Klimagebiet auf völlig verhagertem Boden aufgekommen. Dank der Nordlage ist der Boden weniger ausgetrocknet als beim Fagetum acidiferens luzulosum albidae des Südhanges (s. Aufnahme Nr. 3 dieser Liste, S. 75/76).

Der Haushalt ist gekennzeichnet durch das optimale Buchenklimagebiet der oberen Buchenstufe am Nordhang und den mäßigen Wasser- und schlechten Nährstoffhaushalt.

Wirtschaftliche Folgerungen: Dieser Wald muß besonders pfleglich bewirtschaftet werden, damit wieder Bodenleben einziehen und den armen Rohhumusboden in nährstoffreichen Mullboden überführen kann.

Den bodensauren Rotbuchenwald der Aufnahme Nr. 5 (vgl. S. 75/76) untersuchte ich am 5—10 Grad geneigten Südhang in einer Mulde ober der Autostraße zum Schauinsland bei Freiburg i. Breisgau in 705 m Seehöhe.

Ich stelle diesen Wald zum Groß-Hainsimsen-Heidelbeer-reichen Rotbuchen-Tannen-Mischwald, welcher sich ehemals über einen Traubeneichen-Hainbuchenwald zum kräuterreichen Rotbuchen-Tannen-Mischwald heraufentwickelt hat, dann aber durch Hanganschnitt seine Bodengüte verloren hat und herabgewirtschaftet wurde (Querceto petraeae - Carpinetum ↗ Abieteto-Fagetum herbosum ↘ Abieteto-FAGETUM acidiferens luzulosum silvaticae myrtillosum).

Wir haben es hier mit einem Rotbuchenwald zu tun, dessen Baumschicht von der Rotbuche beherrscht wird und in dessen Strauch- und Krautschicht Buchenjugend aufkommt.

Die Beziehung zum Tannenwald geht daraus hervor, daß die Tanne in der Baumschicht lebenskräftig vertreten ist und auch im Niederwuchs noch lebenskräftig aufkommen kann.

Der Haushalt dieses Waldes ist gekennzeichnet durch seine muldige Lage an einem Südhang der unteren Buchenstufe und durch den mäßigen Wasser- und geringen Nährstoffhaushalt.

Woher kommt nun die geringe Versorgung des Waldes mit Wasser und Nährstoffen?

Wir haben es hier mit einem Rotbuchenwald zu tun, dessen Hang durch den Bau der Autostraße Freiburg im Breisgau — Schauinsland angeschnitten wurde. Durch diesen Eingriff trocknete der oberhalb befindliche Hang aus und das Bodenleben ging so zurück, daß es den Bestandesabfall nicht mehr vollends verarbeiten konnte; derselbe blieb daher roh liegen. Die Heidelbeere und Groß-Hainsimse breiteten sich aus, begleitet von bodensauren Arten.

Den Beweis dafür, daß der große Hanganschnitt der Autostraße den darüber liegenden Hang austrocknete, sehe ich darin, daß unter sonst gleichen Standortsbedingungen dort, wo kein Straßeneinschnitt ist, prächtige bodenfrische Rotbuchenwälder den Boden besiedeln. Die klimatische Lage, die pflegliche Arbeit von Seiten der Forstwirtschaft bedingen auf diesem Renkgneisboden in dieser muldigen Lage einen bodenfrischen Rotbuchen-Tannenwald.

Durch die pflegliche Wirtschaft hat sich der Wald zum bodenfrischen Rotbuchen-Tannenwald hinaufentwickelt.

Durch die Bodenentwässerung wurde er zum bodensauren Rotbuchenwald herabgewirtschaftet und hat damit gewissermaßen seinen hohen Lebensstandard verloren. Wird der Wald kahlgeschlagen, so trocknet der Oberboden so aus, daß die Tanne sich nicht mehr verjüngen kann, daß der Wald also die Beziehung zum Tannenwald verliert und eine solche zum bodensauren Eichenwald erhält.

Als ersten Vorboten dieser Entwicklung zum bodensauren Eichenwald müssen wir das reichliche Vorkommen des Wiesen-Wachtelweizens in unserer Aufnahme erblicken. Würde dieser Wald nicht in der an und für sich günstigeren Mulde liegen, so hätte die Bodenaustrocknung durch den Straßeneinschnitt ein viel größeres Ausmaß erreicht.

Wirtschaftliche Folgerungen: Aus dieser Betrachtung müssen wir die Erkenntnis ziehen, daß unser Wald so pfleglich wie möglich zu bewirtschaften ist. Kahlschlag darf ebensowenig erfolgen wie Streunutzung, die gerade hier, wo das Laub lange liegen bleibt, durch die günstigen Abfuhrbedingungen großen Anreiz bilden könnte.

Ein kräuterreicher Rotbuchenwald in Entwicklung zum Rotbuchen-Tannen-Mischwald.

Einen 60jährigen, 15—20 m hohen, 0,6 bestockten Rotbuchenwald untersuchte ich auf einem 10—15° Süd geneigten Hang bei Badenweiler, südlich Freiburg im Breisgau, in Baden in 440 m Seehöhe.

Floristischer Aufbau:

Baumschicht:

Fagus silvatica	Bestockung 0,8	*Quercus petraea*	Bestockung 0,1
Carpinus Betulus	Bestockung 0,1		

Strauchschicht:

Fagus silvatica	4.3	*Acer Pseudoplatanus*	+
Corylus Avellana	1.2	*Cornus sanguinea*	+
Crataegus monogyna	1.2	*Acer platanoides*	+
Lonicera Xylosteum	1.1	*Rosa arvensis*	+
Ligustrum vulgare	1.1	*Prunus spinosa*	+
Acer campestre	+		

Niederwuchs:

Acer platanoides	2.1	*Salvia glutinosa*	+
Phyteuma spicatum	1.2	*Carex digitata*	+
Fagus silvatica	1.2	*Anemone nemorosa*	+
Milium effusum	1.2	*Carex silvatica*	+
Melica nutans	1.2	*Euphorbia dulcis*	+
Asperula odorata	1.1	*Daphne Mezereum*	+
Sanicula europaea	1.1	*Acer Pseudoplatanus*	+
Polygonatum multiflorum	1.1	*Veronica Chamaedrys*	+
Lamium Galeobdolon	1.1	*Ajuga reptans*	+
Viola silvestris	1.1	*Melittis Melissophyllum*	+
Pulmonaria obscura	1.1	*Carpinus Betulus*	+
Hedera Helix	1.1	*Solidago Virgaurea*	+
Ranunculus auricomus	1.1	*Luzula albida*	+
Luzula pilosa	+.2	*Senecio Fuchsii*	+
Carex ornithopoda	+.2	*Rubus idaeus*	+
Carex montana	+.2	*Vicia sepium*	+

Ich stelle diesen Wald zum kräuterreichen Rotbuchen-Ausschlagwald, welcher durch Niederwaldbetrieb aus dem Rotbuchen-Tannenwald entstanden ist und sich früher oder später nach Aufhören des Ausschlagbetriebes sicherlich wieder zum Rotbuchen-Tannenwald entwickeln würde. Es handelt sich hier um einen Wald, der ehemals im bodensauren Traubeneichen-Hainbuchenwald hochgekommen ist (Querceto petraeae-Carpinetum acidiferens ↗ Abieteto-Fagetum ↘ FAGETUM regerminatum herbosum).

Hier ist der Rotbuchenwald so licht gestellt, daß Hainbuchen und Traubeneichen in der Baumschicht lebenskräftig wachsen können und in der Strauchschicht die Rotbuche, begleitet von einer Fülle von Sträuchern, den Boden beherrscht.

Der Haushalt dieses Rotbuchenwaldes ist gekennzeichnet durch seine klimatische Lage am Südhang der unteren Buchenstufe im südlichen Schwarzwald gegenüber der Burgundischen Pforte und durch den guten Wasser- und Nährstoffhaushalt.

Er hat sich aus einem Niederwald heraufentwickelt und besitzt daher noch einige bodensaure Arten als Reste dieser Entwicklung.

Schematische Darstellung der Vegetationsentwicklung:

Kräuterreicher Rotbuchen-Tannenwald

↑

Kräuterreicher Rotbuchenwald mit Tannen-Unterwuchs

↑

Kräuterreicher Hainbuchen-Rotbuchen-Mischwald

↑

Bodensaurer Hainbuchenwald mit Rotbuchen-Unterwuchs

↑

Bodensaurer Eichenwald mit Hainbuchen-Unterwuchs

Ausgelöst wird dieser Gang der Vegetationsentwicklung dadurch, daß der Bodenzustand sich dank der pfleglichen Wirtschaft immer mehr verbessert, weil sich das Bodenleben vermehrt und die Aufschließung des rohen Humus in milden Humus, Buchenmullboden, langsam erfolgt. Damit kommen in zunehmendem Maße anspruchsvolle Arten des Rotbuchenwaldes auf und die bodensauren Arten werden zurückgedrängt.

Wirtschaftliche Folgerungen: Der Waldboden ist durch Bodenversauerung besonders gefährdet und muß daher so pfleglich wie möglich bewirtschaftet werden. Bei unpfleglicher Wirtschaft würden die bodensauren Arten sofort an Boden gewinnen. Wir können hier einen Rotbuchen-Tannen-Mischwald, einen Rotbuchenwald, aber auch einen Eichenwald mit Rotbuchen-Zwischenbestand anstreben.

Am eben gelegenen Rücken daneben macht sich die drainierende Wirkung des Straßeneinschnittes nicht mehr bemerkbar.

Hier treten anspruchsvolle Arten wie Waldmeister, Bingelkraut, Flatterhirse, Goldnessel, Vielblütiges Salomonssiegel besonders hervor, wie die Aufnahme zeigt:

Floristischer Aufbau:

Baumschicht:

Fagus silvatica	Bestockung 0,7	*Acer Pseudoplatanus*	+
Abies alba	Bestockung 0,2	*Quercus petraea*	+

Strauchschicht:

Fagus silvatica	+	*Sorbus aucuparia*	+
Abies alba	+		

Niederwuchs:

Mercurialis perennis	4.4	*Mycelis muralis*	+
Milium effusum	3.4	*Athyrium Filix-femina*	+
Asperula odorata	3.3	*Dryopteris austriaca* subsp. *spinulosa*	+
Festuca silvatica	2.2	*Dryopteris Filix-mas*	+
Viola silvestris	1.1	*Scrophularia nodosa*	+
Lamium Galeobdolon	1.1	*Epilobium montanum*	+
Polygonatum multiflorum	1.1	*Geranium Robertianum*	+
Senecio Fuchsii	1.1	*Acer platanoides*	+
Fagus silvatica	+	*Rubus idaeus*	+
Paris quadrifolia	+	*Urtica dioica*	+
Acer Pseudoplatanus	+		

Ich stelle diesen Wald zum Bingelkraut-reichen Rotbuchen-Tannen-Mischwald, der sich über einen bodensauren Traubeneichenwald heraufentwickelt hat und sich weiter zum kräuterreichen Tannenwald entwickeln würde (Quercetum petraeae acidiferens ↗ Abieteto-FAGETUM mercurialosum perennis ↗ Abieteto-Fagetum).

Die Rotbuche beherrscht hier 10–25 m hoch wachsend die Baumschicht, begleitet von Tanne, Bergahorn und Traubeneiche.

In der Krautschicht treten eine große Anzahl Buchenwaldpflanzen hervor, die an den Wasser- und Nährstoffhaushalt des Bodens große Ansprüche stellen. Wenn auch die Eiche, von den Rotbuchen- und Tannenkronen eingeengt und zurückgedrängt, einen geringen Platz einnimmt, so ist es doch klar, daß diesem Wald ein bodensaurer Traubeneichenwald das Aufkommen ermöglichte.

Im Eichen-Mischwald sind Rotbuchen im Unterwuchs aufgekommen, sind in die Baumschicht gewachsen und haben den Boden beschattet und die lichtbedürftigen Eichen zurückgedrängt. Die schattenfestere Tanne ist schließlich im Unterwuchs aufgekommen und hat sich in der Baumschicht lebenskräftig wachsend durchgesetzt.

Die Vegetationsentwicklung zum Rotbuchen-Tannen-Mischwald kann hier nur dann erfolgen, wenn der Wald in seinem Entwicklungsgang nicht gestört wird. Wird er durch Niederwaldbetrieb, Streunutzung oder sonstige waldverwüstende Eingriffe gestört, so verliert der Boden, der sich durch den Bestandesabfall selbst seinen günstigen Wasser- und Nährstoffhaushalt aufgebaut hat, seine Güte und wird zum bodentrockenen, bodensauren Rotbuchenwald und weiter zum bodensauren Eichenwald herabgewirtschaftet.

Wird der bodensaure, verhagerte Rotbuchenwald abgehauen, so vermag wohl die Rotbuche hier im feuchten Klimagebiet auszuschlagen, Kernwüchse aber vermögen sich im trockenen, sauren Oberboden nicht durchzusetzen. Die Vegetationsentwicklung führt zurück zum bodensauren Eichenwald, insbesondere dann, wenn der Wald im Niederwaldbetrieb bewirtschaftet wird, den die Rotbuche nicht so gut ertragen kann wie die Eiche. Schematisch dargestellt kann also der Gang der Waldentwicklung und Waldverwüstung so erfolgen:

Kräuterreicher Rotbuchen-Tannen-Mischwald.

↑

Kräuterreicher
Eichen-Hainbuchenwald
mit Rotbuchen-Unterwuchs

↑

Bodensaurer Eichenwald
mit Hainbuchen-Unterwuchs

↑

Bodensaurer Rotföhren-
Eichen-Mischwald

↑

Bodensaurer Rotföhrenwald

↓

Niederwaldbetrieb und
Aushagerung durch Windeinfluß

↓

Bodensaurer Rotbuchenwald

↓

Niederwaldbetrieb und
Aushagerung durch Windeinfluß

↓

Schlechtwüchsiger
bodensaurer Rotbuchenwald

↓

Niederwaldbetrieb und
Aushagerung durch Windeinfluß

↓

Bodensaurer Traubeneichenwald

Dieser Gang der Waldverwüstung ist aber nur hier möglich, wo der Boden nicht zusätzlich Wasser vom Oberhang zugeführt erhält, sondern seinen Wasserhaushalt ebenso wie seinen Nährstoffhaushalt durch Bestandesabfall selbst aufgebaut hat.

Daraus ziehen wir die wirtschaftlichen Folgerungen: Der Wald darf auf keinen Fall im Niederwaldbetrieb bewirtschaftet und damit der Windaushagerung ausgesetzt werden, weil er sonst seine Bodengüte völlig verliert.

Ein farnreicher Rotbuchen-Ausschlagwald als Verwüstungsstadium des hochstaudenreichen Rotbuchen-Tannenwaldes.

Einen 5–10 m hohen Rotbuchen-Niederwald untersuchte ich am 20° geneigten Westhang des Kandl ob Freiburg im Breisgau in 1215 m Seehöhe.

Floristischer Aufbau:

Baumschicht:

Fagus silvatica	5.5		

Strauchschicht:

Acer Pseudoplatanus	2.2	*Abies alba*	+
Fagus silvatica	2.2	*Picea excelsa*	+

N i e d e r w u c h s :

Dryopteris austriaca subsp. *spinulosa*	4.3	*Rubus idaeus*	1.1
Lastrea Oreopteris (= *Dryopteris Oreopteris*)	3.2	*Vaccinium Myrtillus*	+.2
Ranunculus aconitifolius	2.2	*Luzula albida*	+.2
Athyrium alpestre	2.2	*Cicerbita alpina*	+
Oxalis Acetosella	2.2	*Prenanthes purpurea*	+
Rumex arifolius	2.1	*Solidago Virgaurea*	+
		Senecio Fuchsii	+
		Daphne Mezereum	+

Ich stelle diesen Wald zum farnreichen Rotbuchen-Ausschlagwald, welcher durch Niederwaldbetrieb aus dem Rotbuchen-Tannenwald entstanden ist und sich früher oder später nach Aufhören des Ausschlagbetriebes sicherlich wieder zum Rotbuchen-Tannenwald entwickeln würde. Es handelt sich hier um einen Wald, der ehemals im hochstaudenreichen Bergahornwald hochgekommen ist (Aceretum Pseudoplatani acidiferens ↗ Abieteto-Fagetum altherbosum ↘ FAGETUM regerminatum filicosum).

Fichten-Tannen-Rotbuchenjugend kommt im herabgewirtschafteten Bärlapp-reichen *(Lycopodium annotinum)* gelichteten Rotbuchen-Tannen-Fichten-Mischwald auf.

Dieser Rotbuchenwald wird im Niederwaldbetrieb zur Brennholzversorgung bewirtschaftet. Dadurch wird der Boden oft kahlgelegt und die Feinerde wird abgewaschen, so daß sich dieser Wald nicht zum Rotbuchen-Tannen-Mischwald entwickeln kann, weil die Tanne den Niederwaldbetrieb nicht erträgt.

Dadurch breitet sich auch im Unterwuchs die bodensaure Vegetation allmählich aus, weil mit Wegwaschen der Feinerde und des Bodenlebens der Rohhumus da und dort liegen bleibt.

Der Haushalt ist gekennzeichnet durch die Lage am Westhang der oberen Buchenstufe, durch den ehemals sauren Boden, durch die hohe, lange winterliche Schneebedeckung und durch den mehr oder weniger guten Wasser- und Nährstoffhaushalt, insbesondere aber durch den Niederwaldbetrieb.

Die Vegetationsentwicklung wird aus folgender schematischen Darstellung verständlich:

Schematische Darstellung der Waldverwüstung durch Niederwaldbetrieb auf Steilhang der oberen Buchenstufe.

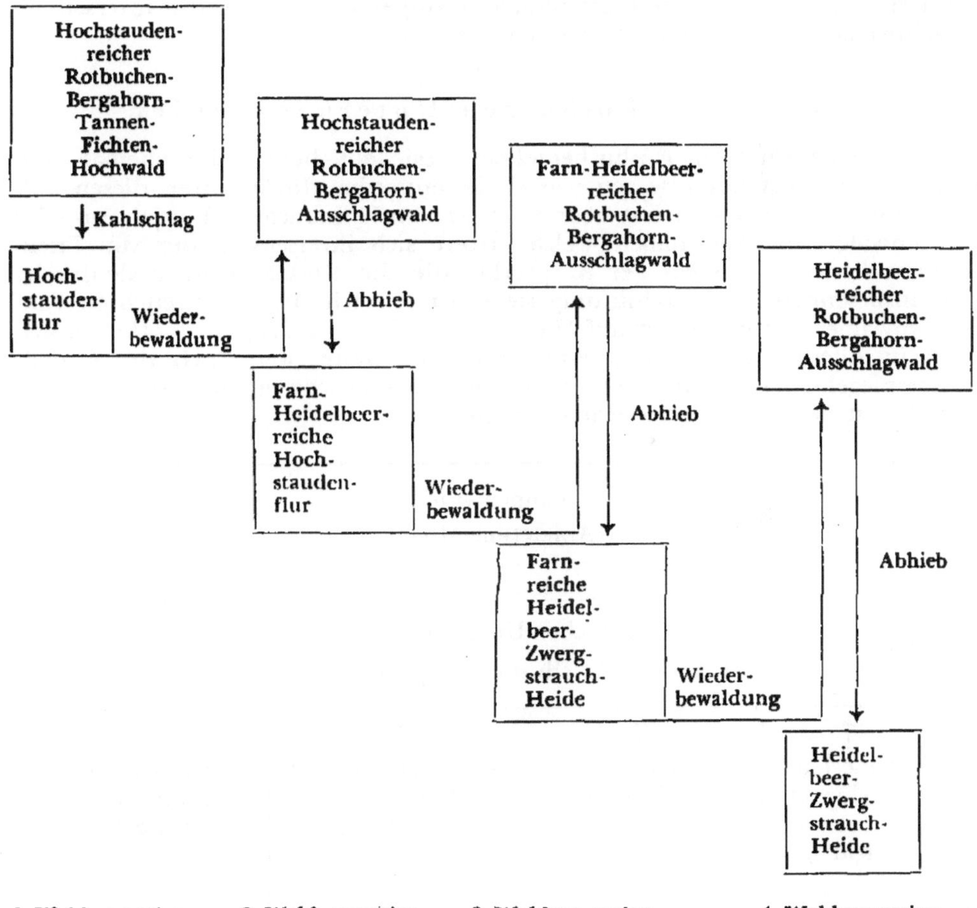

Hört der Niederwaldbetrieb auf, so können in der Heidelbeer-Heide Fichten aufkommen und die Vegetationsentwicklung führt über einen heidelbeerreichen, farnreichen Rotbuchen-Bergahorn-Fichten-Mischwald wieder zurück zum hochstaudenreichen Rotbuchen-Bergahorn-Tannen-Fichten-Hochwald.

Die wirtschaftlichen Folgerungen sind nicht schwer zu ziehen. Wir müssen den Niederwaldbetrieb mit kurzer Umtriebszeit in einen Hochwaldbetrieb mit langer Umtriebszeit überführen und einen Rotbuchen-Tannen-Fichten-Mischwald anstreben.

III. Die bodenfeuchten Rotbuchenwälder.

Die bodenfeuchten Rotbuchenwälder wachsen auf wasserzügigen Unterhängen oder Schuttkegeln oder auf höher liegenden Auenwaldterrassen und sind in verschiedenen Erlenwäldern oder deren Nachfolgegesellschaften aufgekommen.

Aus der folgenden schematischen Darstellung ersehen wir, daß die bodenfeuchten Rotbuchenwälder entweder in Grauerlen-, Schwarzerlen-, Grünerlenwäldern oder in Bergahorn-Fichtenwäldern aufgekommen sind, die ihrerseits in verschiedenen Erlenwäldern hochgekommen sind.

Gruppe der Rotbuchen-Unterhangwälder.

Die bodenfeuchten Rotbuchenwälder besiedeln Böden, die ehemals von Erlenwäldern bestanden waren, wobei sie entweder direkt unter diesen aufgekommen sind oder sich erst über einen Eichen-Hainbuchen-, Bergahorn- oder Fichtenwald entwickelt haben, welch letztere sich ihrerseits wieder von Erlenwäldern herleiten. Wegen der Ansprüche, die die Rotbuche an Bodenfrische und insbesondere an Durchlüftung stellt, finden wir die bodenfeuchten Rotbuchenwälder eigentlich nur auf Unterhängen. Zwar vermag die Rotbuche sich auch in Auenwäldern durchzusetzen, aber erst dann, wenn sich der Grundwasserspiegel derart gesenkt hat, daß von einem überschwemmten Auwald praktisch längst nicht mehr gesprochen werden kann.

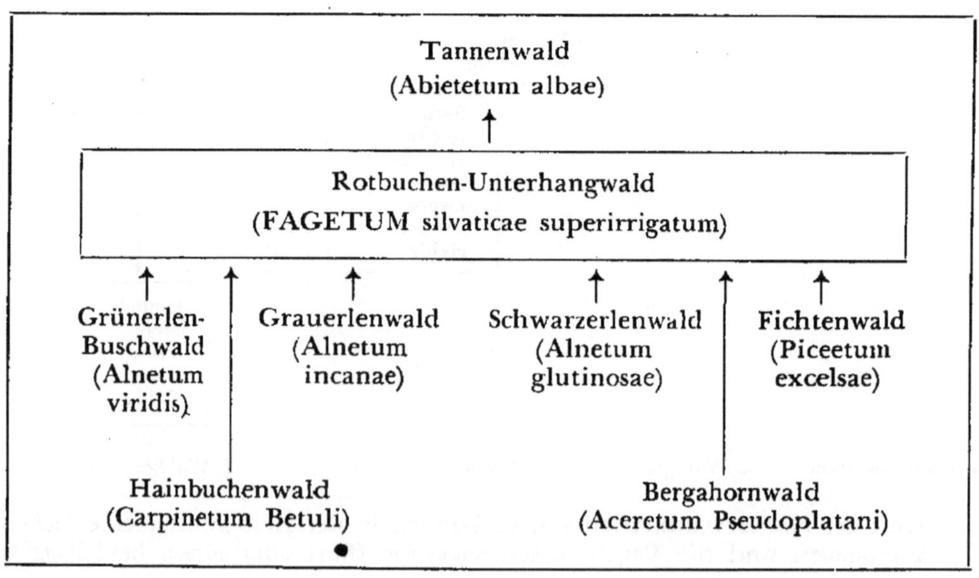

Als bodenfeuchte Pflanzen, also Arten, welche auf eine ständig gute Wasserversorgung angewiesen sind, können wir mehr oder weniger folgende Arten unserer bodenfeuchten Buchenwälder hinausstellen:

Aegopodium Podagraria
Ajuga reptans
Allium ursinum
Alnus incana
Angelica silvestris
Brachypodium silvaticum
Chaerophyllum Cicutaria
Chrysosplenium alternifolium
Circaea alpina
Circaea lutetiana
Clematis Vitalba
Crepis paludosa
Deschampsia caespitosa
Eupatorium cannabinum
Filipendula Ulmaria
Fraxinus excelsior
Impatiens Noli-tangere
Lysimachia nemorum
Myosotis silvatica
Orchis maculata
Petasites albus
Stachys silvatica
Stellaria nemorum
Veronica montana
Viburnum Opulus

Ein Rotbuchen-Unterhangwald am Loiblpaß (Kärnten).

1300 m Seehöhe, auf 20° geneigtem Nordhang mit folgendem floristischen Aufbau:

Baumschicht:

Fagus silvatica	5.5	*Acer Pseudoplatanus*	1.1
Abies alba	1.1		

Strauchschicht:

Picea excelsa	1.1[0]

Krautschicht:

Adenostyles Alliariae	3.3	*Chaerophyllum Cicutaria*	1.1
Oxalis Acetosella	2.2	*Saxifraga rotundifolia*	1.1
Athyrium Filix-femina	2.2	*Cicerbita alpina*	+.2
Dryopteris Filix-mas	2.2	*Myrrhis odorata*	+.2
Lamium Orvala	2.1	*Geranium Robertianum*	+
Doronicum austriacum	2.1	*Epilobium montanum*	+
Stellaria nemorum	1.2	*Paris quadrifolia*	+
Impatiens Noli-tangere	1.2	*Scrophularia nodosa*	+
Athyrium alpestre	1.2	*Crepis paludosa*	+
Lamium Galeobdolon	1.1	*Rumex arifolius*	+
Anemone nemorosa	1.1	*Aconitum paniculatum*	+
Senecio nemorensis	1.1		

Es fehlen hier die wärmeliebenden Arten, was durch die Höhenlage begründet erscheint. Dafür treten eine Reihe von Hochstauden des Grünerlenwaldes auf. Da auch die Grünerle selbst vorkommt, und zwar auf allen Lichtungen und Kahlschlagflächen, haben wir einen Rotbuchenwald vor uns, der in einem Grünerlen-Buschwald aufgekommen ist (Alnetum viridis superirrigatum ↗ FAGETUM adenostyletosum Alliariae ↗ Abieteto-Fagetum).

Es ist hier durchaus nicht notwendig, daß die Rotbuche die Baumschicht beherrscht. Tanne und Fichte hatten früher bestimmt einen viel größeren Anteil, wurden aber als die im Hinblick auf billigere Schlägerung, Ausformung, Lieferung usw. wertvolleren Holzarten einseitig genutzt, wodurch die Vegetationsentwicklung zum Buchen-Reinbestand begünstigt wurde. So verdanken beispielsweise die Rotbuchenwälder der Karawanken ihren Reinbestand nicht allein den optimalen Klima- und Bodenverhältnissen, sondern auch in besonderem Maße der auslesenden Holznutzung.

Eine solche Entwicklung macht aber den Wald besonders in den Gebirgsgegenden immer wertloser, weshalb wir hier der Fichte, der Tanne und dem Bergahorn wieder einen wesentlichen Anteil einräumen müssen.

Ein Rotbuchen-Unterhangwald in den Ossiacher-Tauern,

530 m Seehöhe, auf 25° geneigtem Nordhang, Urkalkboden, mit folgendem floristischen Aufbau:

Baumschicht (0,7 bestockt):

Fagus silvatica	4.5	*Acer platanoides*	1.1
Alnus incana	2.2	*Abies alba*	1.1
Ulmus scabra	1.1		

Strauchschicht:

Alnus incana	3.3	*Evonymus latifolia*	+
Corylus Avellana	1.2	*Sambucus racemosa*	+
Ulmus scabra	+	*Sorbus aucuparia*	+
Viburnum Opulus	+		

Krautschicht:

Urtica dioica	3.3	*Chelidonium majus*	1.1
Myosotis silvatica	3.3	*Chrysosplenium alternifolium*	1.1
Dentaria enneaphyllos	2.2	*Dryopteris Filix-mas*	1.1
Dentaria bulbifera	2.1	*Moehringia trinervia*	+.2
Actaea spicata	1.2	*Impatiens Noli-tangere*	+.2
Asperula odorata	1.2	*Oxalis Acetosella*	+.2
Senecio nemorensis	1.2	*Athyrium Filix- femina*	+.2
Petasites albus	1.2	*Dentaria pentaphyllos*	+
Paris quadrifolia	1.1	*Cardamine impatiens*	+
Aconitum Vulparia	1.1		

Rotbuchenwald kommt in schneereicher Lage im Grünerlen-Unterhangwald auf (Alnetum viridis superirrigatum ↗ Fagetum).

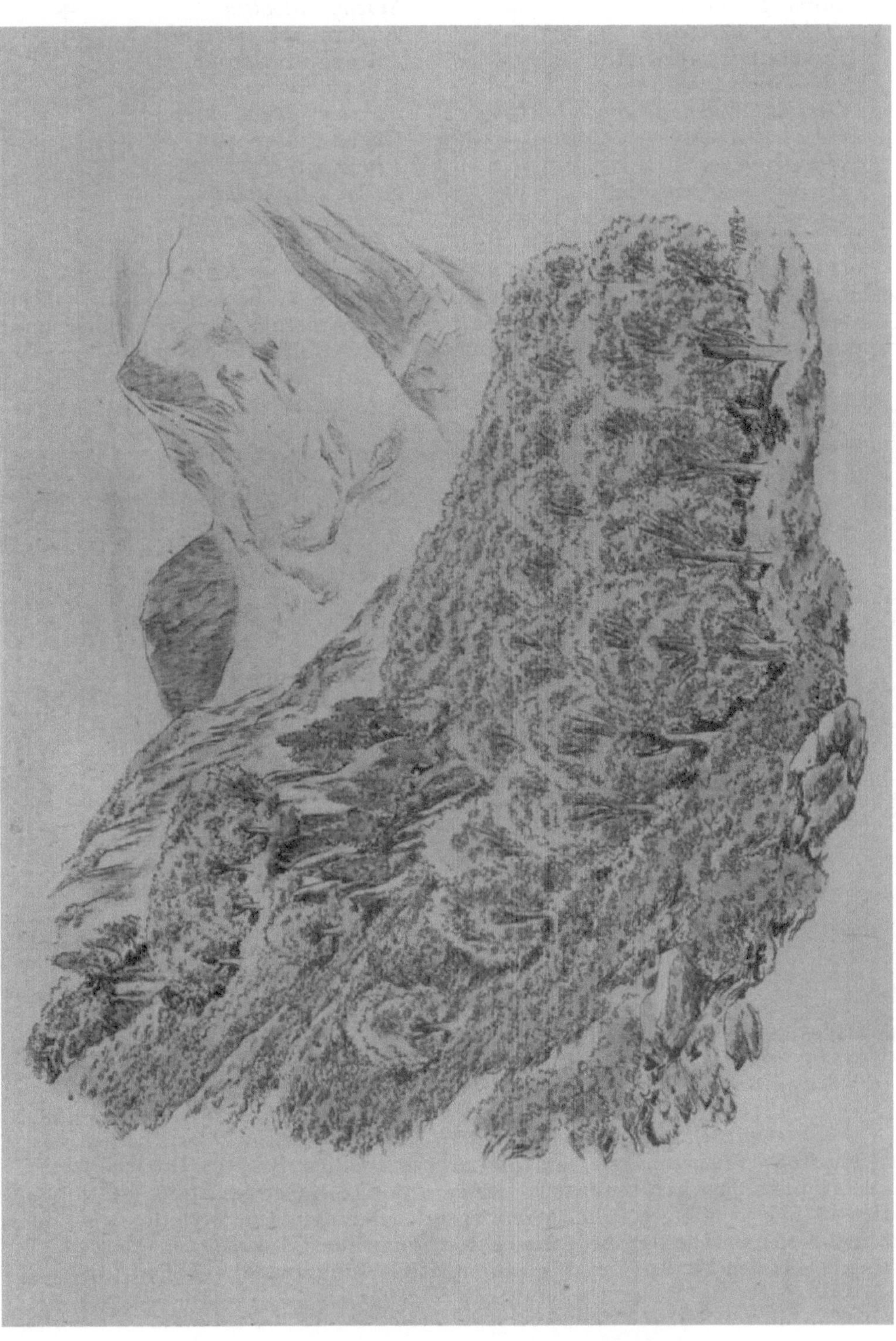

Polygonatum multiflorum	+	*Clematis Vitalba*	+
Salvia glutinosa	+	*Stachys silvatica*	+
Daphne Mezereum	+	*Eupatorium cannabinum*	+
Pulmonaria officinalis	+	*Lilium Martagon*	+
Epilobium montanum	+	*Rubus idaeus*	+
Lamium Galeobdolon	+	*Prenanthes purpurea*	+
Carex digitata	+	*Corylus Avellana*	+
Mycelis muralis	+	*Vinca minor*	+
Adoxa Moschatellina	+	*Lastrea Dryopteris*	+
Geranium Robertianum	+	*Polystichum lobatum*	+

In allen Lichtungen herrscht die Grauerle und bestätigt zusammen mit weiteren vergleichenden Untersuchungen, daß dieser Rotbuchenwald aus einem Grauerlen-Unterhangwald hervorgegangen ist (Alnetum incanae calcicolum superirrigatum ↗ FAGETUM herbosum ↗ Abieteto-Fagetum).

Die Blätter der Weißen Pestwurz *(Petasites albus)* im Waldmeister-Unterwuchs des Buchenwaldes *(Asperula odorata)* geben den Hinweis, daß wir es hier mit einem Unterhangwald zu tun haben, dem gute Wasserführung zur Verfügung steht.

Die Bodenfeuchte verlangenden Arten des Unterwuchses lassen einen ausgezeichneten Wasserhaushalt und die anspruchsvollen Buchenwaldarten einen guten Nährstoffhaushalt erkennen. Der steinhältige, daher besonders gut durchlüftete Mullboden bietet also hervorragende Bedingungen, weshalb hier nur die mehr oder minder große Fähigkeit der einzelnen Waldbäume, Schatten zu ertragen, für den Verlauf der Vegetationsentwicklung ausschlaggebend ist. Diesbezüglich ergibt sich folgende Reihenfolge: Tanne, Rotbuche, Bergahorn, Bergulme, Spitzahorn, Hainbuche, Sommer-Linde, Eiche, Esche, Grauerle, Weide. Die Entwicklung zum Rotbuchenwald erfolgt hier verhältnismäßig rasch. Bei Niederwaldbetrieb jedoch wird die Rotbuche durch die Grauerle verdrängt, die den kurzen Umtrieb besser ertragen kann.

Ein kurzer Umtrieb ist also hier nur dann am Platze, wenn die Brennholznutzung das Wirtschaftsziel ist. Wollen wir dagegen Nutzholz ernten, so müssen wir einen Hochwald mit langem Umtrieb anstreben. Und zwar einen Fichten-Tannen-Rotbuchen-Mischwald, dem wir auch Berg- und Spitzahorn beimischen können. Die lichtbedürftige Esche kann als Mischholzart nicht eingebracht werden, weil sie hier zu stark beschattet würde. Wohl aber könnten wir einen reinen Eschenwald mit Aussicht auf Erfolg aufbringen.

Gewöhnlicher Wasserdost *(Eupatorium cannabinum)* zeigt Böden mit Wasserüberschuß an.

Nach Kahlschlag wird immer die Grauerle aufkommen, die aber hier nicht bekämpft werden soll, da sie als wertvolles Vorholz die Vegetationsentwicklung nur beschleunigt und der Wirtschaftswald später an Wuchsleistung wieder einbringen wird, was er dabei scheinbar an Zeit verliert.

Der Forstmann kann hier aus dem Vollen schöpfen: Er braucht nur jene Holzarten zu begünstigen, die sein Wirtschaftsprogramm vorschreibt und die anderen zurückdrängen.

Unter den bodenfeuchten Rotbuchenwäldern nehmen diejenigen, welche schon sehr große Beziehungen zum bodenfeuchten Tannenwald haben, eine Sonderstellung ein.

Ich stelle diese zum Tannen-Untertyp (FAGETUM abietetosum), wenn die Bodenbildung einen so nährstoffreichen, gut durchlüfteten Boden aufgebaut hat, daß die Tanne schon zusagende Lebensbedingungen finden kann und diese sich bereits lebenskräftig wachsend eingefunden hat.

Nimmt die Tanne in der Baumschicht schon einen mitbestimmenden Anteil ein, so stelle ich den Wald zum Tannen-Rotbuchen-Mischwald (Abieteto-FAGETUM).

Die bodenfeuchten Unterhang-Rotbuchenwälder mit engen Beziehungen zum Tannenwald.

(FAGETUM superirrigatum abietetosum).

Der floristische Aufbau ist gekennzeichnet durch das lebenskräftige Wachstum der Rotbuche und Tanne in der Baumschicht und durch die Bodenfeuchte verlangenden Kräuter, Hochstauden und Farne im Niederwuchs. Daneben nehmen aber auch die anspruchsvollen Buchenwaldarten einen großen Teil der Fläche ein. Die bodensauren Arten sind meist nur vereinzelt oder in sehr geringer Lebenskraft zu finden, ausgenommen der Sauerklee, der auf oberflächlich schwach versauerten Böden schon gut gedeihen kann, und der Hasenlattich, der örtlich eine schwache Bodenversauerung und geringere Bodenfrische anzeigt.

Haushalt: Diese Rotbuchenwälder siedeln meist auf Unterhängen oder in Mulden, die von oben zusätzlich Wasser und Feinerde zugeführt erhalten. Wasser-, Nährstoff- und Lufthaushalt im Boden sind hier neben den Klimaverhältnissen so gut, daß der Forstmann praktisch mit allen Holzarten wirtschaften kann. Er muß nur beachten, daß in der oberen Buchenstufe Eiche und Hainbuche aus klimatischen Gründen nicht aufkommen können.

Entwicklung: Diese Rotbuchenwälder haben sich meist aus verschiedenen Erlenwäldern und Fichtenwaldstadien heraufentwickelt. Oft ist es kaum noch möglich, außer den bodenfeuchten Arten, eine Beziehung zum Erlenwald festzustellen und doch können wir aus vergleichenden Untersuchungen auf diesen Gang der Entwicklung schließen.

Es folgen nun in einer Tabelle zusammengefaßt sieben vegetationskundliche Aufnahmen solcher bodenfeuchter Unterhang-Rotbuchen-Tannen-Mischwälder aus der oberen Buchenstufe des Feldberggebietes im südlichen Schwarzwald.

Nr. der Aufnahme		1	2	3	4	5	6	7
Meereshöhe in Metern		930	930	960	1000	1090	1145	1215
Himmelslage		W	W	N	W	N	N	N
Neigung in Graden		5	5	5	10	25	30	20
Baumschicht:								
Fagus silvatica	Bestockung:	0,8	0,9	0,7	0,4	0,4	0,5	0,8
Abies alba	Bestockung:	0,1	0,1	0,1	0,4	0,2	0,2	0,1
Picea excelsa	Bestockung:	+		+	0,2	0,2	0,2	+
Acer Pseudoplatanus	Bestockung:	0,1				0,2	0,1	0,1
Strauchschicht:								
Fagus silvatica		2.2	4.4	+	1.1			
Picea excelsa		+	+					
Abies alba		+	+					

Schematische Darstellung: In einer Lichtung des bodenfeuchten Rotbuchen-Tannen-Mischwaldes kommt sekundär am Unterhang (im Vordergrund des Bildes) die Grauerle auf (Abieteto-Fagetum superirrigatum ↘ Alnetum incanae sec.).

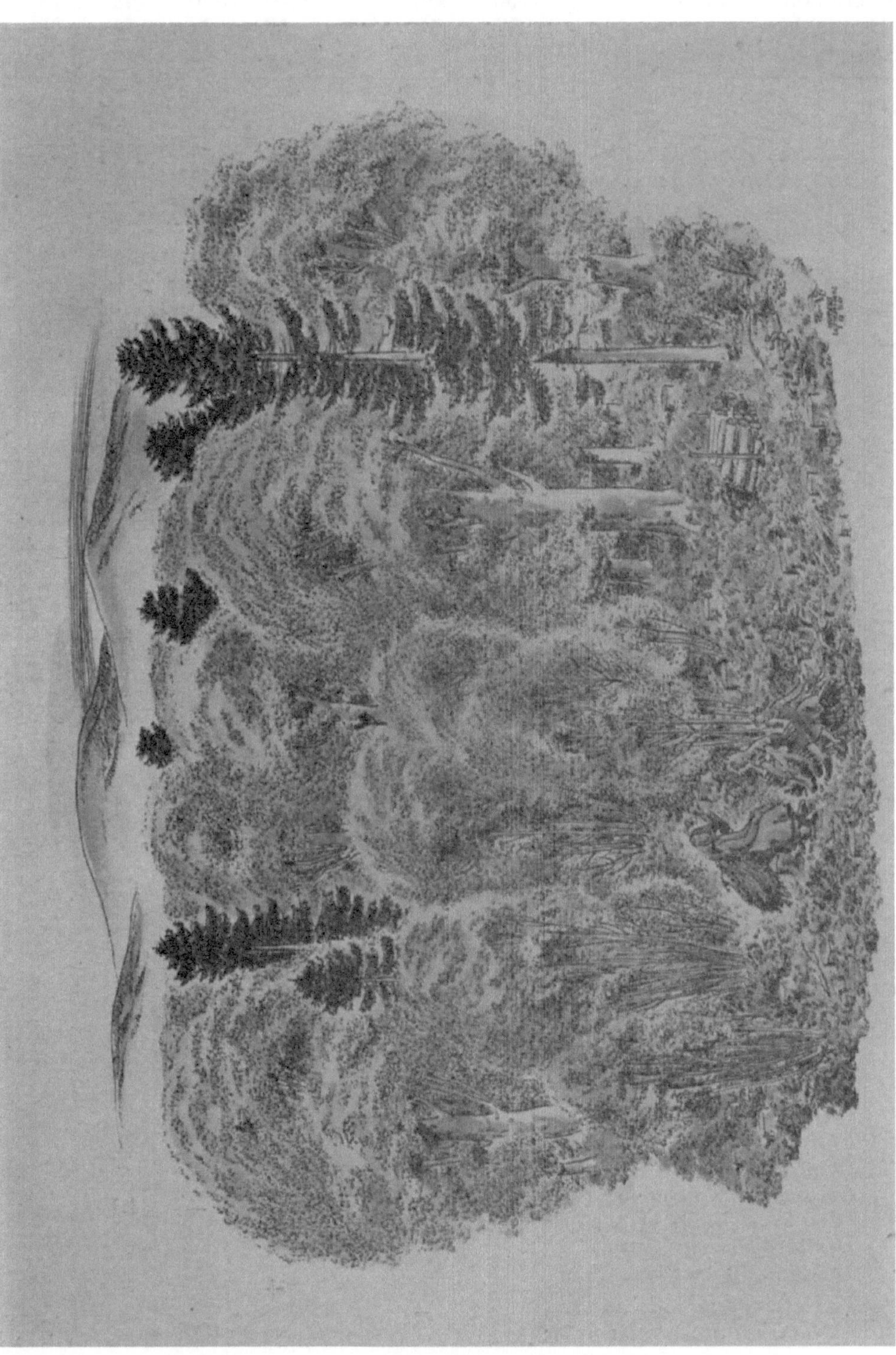

Nr. der Aufnahme	1	2	3	4	5	6	7
Meereshöhe in Metern	930	930	960	1000	1090	1145	1215
Himmelslage	W	W	N	W	N	N	N
Neigung in Graden	5	5	5	10	25	30	20
Niederwuchs:							
Oxalis Acetosella	1.2	3.3	3.2	3.2	3.3	1.2	2.2
Adenostyles Alliariae	+	2.2	1.1	2.2	3.2	3.2	2.2
Athyrium Filix-femina	+	+	3.2	2.2	4.4	2.3	1.2
Prenanthes purpurea	1.1	1.1	2.2	4.4	1.1	1.1	+
Dryopteris Filix-mas	+	+	2.2	+	+.2	+.2	1.2
Veronica montana	+	+	+	1.1	+	+	+
Stellaria nemorum		1.1	1.1	1.1	+	+	3.2
Ajuga reptans	+	+	+		1.1	1.2	+.2
Rubus idaeus	+	+	1.2	+	1.1		+
Lamium Galeobdolon	+	+	+	+		+	+
Milium effusum	+	+	+	+	+		+
Asperula odorata	2.2	4.2	2.2		1.1		1.1
Cicerbita alpina			+.2	1.1	+	4.3	1.1
Viola silvestris	1.1	2.1	1.1	1.1	1.1		
Fagus silvatica			2.2	3.1	+	+	+
Dryopteris austriaca			2.2	+	1.2	+.2	1.2
Carex silvatica	1.2	1.2	1.1	+	+		
Rumex arifolius	+	+		1.2		1.1	+
Anemone nemorosa	+	+	+		1.1	1.1	
Senecio Fuchsii	+		1.1	+			1.1
Acer Pseudoplatanus			+	+	+	+	+
Primula elatior	1.1	1.1		+		+.2	
Festuca altissima	+	+.2	+.2				+.2
Lysimachia nemorum	+		+.2	1.1	+		
Geranium Robertianum	+	+	+	+			
Senecio nemorensis					+.2	1.2	1.1
Deschampsia caespitosa		1.2	1.2		+		
Abies alba	+	+	1.1				
Moehringia trinervia	+	+	+				
Phyteuma spicatum		+		+			+
Circaea alpina	+	+				+	
Heracleum Sphondylium	+	+					+
Ranunculus aconitifolius				+		+	+
Solidago Virgaurea					+	+	+
Sanicula europaea	4.4		+				
Athyrium alpestre						+	3.5
Impatiens Noli-tangere	2.2		+.2				
Ranunculus lanuginosus					+	1.1	
Fraxinus excelsior			+				+
Epilobium montanum	+	+					
Paris quadrifolia			+	+			
Hieracium silvaticum	+	+					
Melandryum rubrum		+					+

Nr. der Aufnahme	1	2	3	4	5	6	7
Meereshöhe in Metern	930	930	960	1000	1090	1145	1215
Himmelslage	W	W	N	W	N	N	N
Neigung in Graden	5	5	5	10	25	30	20
Acer platanoides	+	+					
Lastrea Dryopteris							1.2
Fragaria vesca		1.1					
Luzula albida					+.2		
Crepis paludosa						+	
Aconitum paniculatum			+				
Veronica Chamaedrys	+						
Filipendula Ulmaria		+					
Listera ovata				+			
Allium ursinum				+			
Lastrea Phegopteris					+		
Luzula pilosa					+		
Picea excelsa					+		
Hieracium Lachenalii						+	
Sorbus aucuparia							+

Nr. 1. Auf einem Schuttkegelrücken auf steinigem Boden am schwach geneigten Westhang im Wilhelmertal.

Nr. 2. Nördlich von Aufnahme Nr. 1 in einer Schuttkegelkehle auf steinigem Boden im Wilhelmertal.

Nr. 3. Oberhalb von Aufnahme Nr. 1 auf einem nach Norden geneigten Schuttkegel im Wilhelmertal.

Nr. 4. Auf einem Westhang im Zastlertal bei Freiburg im Breisgau.

Nr. 5. Ober der Autostraße am Weg zum Schauinsland bei Freiburg i. Breisgau.

Nr. 6. Oberhalb von Aufnahme Nr. 5 ober der Autostraße am Wege zum Schauinsland bei Freiburg im Breisgau.

Nr. 7. Nordhang ober Wilhelmertal gegen Stübenwasen.

Die Aufnahmen Nr. 1 und 2 machte ich auf einem West geneigten Hang im Wilhelmertal, die Aufnahme Nr. 3 ebendort auf einem Nordhang. Alle diese Rotbuchen-Mischwälder sind gekennzeichnet durch lebenskräftiges Wachstum von Rotbuche und Tanne.

Ich stelle diesen Wald der Aufnahme Nr. 1 zum Sanikelreichen Rotbuchen-Tannen-Mischwald, der im bodenfeuchten Fichtenwald hochgekommen ist und sich weiter zum Tannenwald entwickeln würde (Piceetum superirrigatum ↗ FAGETUM abietetosum saniculosum ↗ Abieteto-Fagetum).

Der Einzelbestand Nr. 2 siedelt in einer Schuttkegelkehle, deren Boden verhältnismäßig früh zuschneit und bis in das späte Frühjahr vom Schnee bedeckt ist. Außerdem bekommt der Boden vom Oberhang Wasser und Feinerde zugeführt, so daß hier die Haushaltsverhältnisse günstiger sind als auf dem Rücken der Aufnahme Nr. 1. Hier tritt auch der Alpendost, der die besondere Standortsgüte, vor allem die lange Schneebedeckung kennzeichnet, schon stärker hervor und so stelle ich den Wald dieser Aufnahme zum waldmeisterreichen Rotbuchen-Tannen-Mischwald und zwar zu der für schneereiche Lagen besonders bezeichnenden Filz-Alpendost-Ausbildung (Piceetum superirrigatum ↗ FAGETUM abietetosum adenostyletosum Alliariae asperulosum odoratae ↗ Abieteto-Fagetum).

Etwas höher davon auf einem 5° nordseitig geneigten Schuttkegel untersuchte ich den 0,7 bestockten Rotbuchenwald der Aufnahme Nr. 3, dessen Rotbuchen 25—30 m hoch, nur ¼ der Kronen beastet sind und fand einen floristischen Aufbau, den ich unter Nr. 3 dargestellt habe.

Auch dieser besitzt Beziehungen zum Tannenwald und besiedelt den luftfeuchten schattigen Nordhang mit längerer winterlicher Schneebedeckung. Dem ist es zuzuschreiben, daß die Farne so stark hervortreten.

Ich stelle diesen Wald zur farnreichen Ausbildung des tannenreichen Rotbuchenwaldes, die für schattige luftfeuchte Lagen besonders bezeichnend ist (Piceetum superirrigatum ↗ FAGETUM abietetosum filicosum ↗ Abieteto-Fagetum).

W i r t s c h a f t l i c h e   F o l g e r u n g e n : Bei allen diesen drei Wäldern können wir Rotbuchen-Tannen-Fichten-Wirtschaftswälder anstreben und dem Nadelholz eine viel größere Bestockung geben. Der steinige gut durchlüftete frische Boden sagt besonders auch der Fichte zu, die als Mischholzart den Boden hier nicht ungünstig beeinflussen kann.

Den in Aufnahme Nr. 4 aufgezeigten Wald stelle ich zur hasenlattichreichen Ausbildung dieses Waldes, die für oberflächliche Bodenversauerung kennzeichnend ist (Piceetum superirrigatum ↗ Abieteto-FAGETUM prenanthosum purpureae ↗ Abieteto-Fagetum).

Wir haben es hier mit einem bodenfeuchten Rotbuchenwald zu tun, der 0,8 bestockt und 25—30 m hoch ist. Die Rotbuche teilt zwar die Baumschicht mit der Tanne, aber überragt diese um 10 m. Wir haben also einen Rotbuchen-Hauptbestand und einen Tannen-Zwischenbestand. Dazu kommt, daß die Rotbuche in der Strauchschicht und ganz besonders im Niederwuchs hervortritt.

Die Zuteilung zum bodenfeuchten Rotbuchenwald findet seine Berechtigung durch das Auftreten bodenfeuchter Arten und voralpiner Hochstauden, aber auch durch das Fehlen ausgesprochen bodentrockener Arten. Sauerklee und Hasenlattich verdanken ihr reichliches Auftreten der Bodenaustrocknung durch den Straßenbau, denn unser Wald liegt gerade in einer Straßenschleife. Es besteht die Gefahr, daß dieser bodenfeuchte Wald im Sinne folgender schematischen Darstellung der Vegetationsentwicklung bodensauer wird.

Bodenfeuchter Rotbuchen-Tannen-Mischwald.	Bodenaustrocknung durch die drainierende Wirkung des Wegbaues	Bodensaurer, bodentrockener Rotbuchen-Tannen-Mischwald.

——————————————————→

Der H a u s h a l t unseres Waldes ist gekennzeichnet durch seine Lage am schwach geneigten Westhang der oberen Buchenstufe, durch die lange Schneelagerung, durch den noch guten Wasser- und Nährstoffhaushalt und durch oberflächliche Bodenversauerung.

W i r t s c h a f t l i c h e   F o l g e r u n g e n : Unser Bestreben muß sein, den Wald so pfleglich wie möglich zu bewirtschaften, insbesondere müssen wir bestrebt sein, der flachwurzelnden Fichte das Areal hier nicht zu vergrößern, da sie hier bodenverschlechternd wirken kann.

Den Einzelbestand der Aufnahme Nr. 5 stelle ich zur Filz-Alpendost-reichen Ausbildung des über den bodenfeuchten Fichtenwald sich entwickelnden Rotbuchen-Tannen-Mischwaldes (Piceetum superirrigatum ↗ FAGETUM abietetosum adenostylosum Alliariae ↗ Abieteto-Fagetum), die für schattige, schneereiche Lagen besonders bezeichnend ist.

Oberhalb dieses Waldes wird der Hang steiler. Hier zeigt der Rotbuchenwald am 30° geneigten Nordhang in 1145 m Seehöhe bei einer 0,8 Bestockung den floristischen Aufbau der Aufnahme Nr. 6. Die Bäume sind nur 20–25 m hoch, der Boden ist ebenso steinig. Ich stelle diesen Wald zur Alpen-Milchlattich-reichen Ausbildung des über den bodenfeuchten Fichtenwald sich entwickelnden Rotbuchen-Mischwaldes (Piceetum superirrigatum ↗ FAGETUM abietetosum cicerbitosum alpinae ↗ Abieteto-Fagetum), die für sehr schneereiche Lagen besonders bezeichnend ist.

Der Haushalt dieser beiden Wälder (Nr. 5 und 6) ist gekennzeichnet durch guten Wasser- und Nährstoffhaushalt in tieferen Bodenschichten und mäßigen Wasser- und Nährstoffhaushalt im Oberboden. Dies kommt daher, daß der Boden oberflächlich sehr steinig und wasserdurchlässig ist. Das Klima ist gekennzeichnet durch die sehr große Luftfeuchtigkeit der Nordhanglage in der oberen Buchenstufe und lang anhaltende hohe Schneebedeckung.

Der Gang der Vegetationsentwicklung geht aus folgender schematischen Darstellung hervor:

Bodenfeuchter Tannenwald

↑

Bodenfeuchter Rotbuchenwald mit Tannen-Unterwuchs

↑

Bodenfeuchter Rotbuchen-Fichten-Mischwald

↑

Bodenfeuchter Fichtenwald mit Rotbuchen-Unterwuchs

Wirtschaftliche Folgerungen: Infolge der Steilhanglage sind diese Hänge sehr dem Schneeschub ausgesetzt und daher sollen diese Wälder auf keinen Fall kahlgeschlagen werden; nicht nur, weil der Jungwald sehr unter Schneeschub leidet, sondern auch, weil die Feinerde des Oberbodens abgewaschen wird.

Anzustreben ist ein Rotbuchen-Tannen-Fichten-Mischwald mit plenterartigem Aufbau, da nur ein solcher Wald in Einzelentnahme bewirtschaftet werden kann.

Den im Beispiel Nr. 7 aufgezeigten Wald reihe ich zur Alpen-Frauenfarn-reichen Ausbildung des über den bodenfeuchten Fichtenwald sich entwickelnden Rotbuchen-Mischwaldes (Piceetum superirrigatum ↗ FAGETUM abietetosum athyriosum alpestris ↗ Abieteto-Fagetum).

Ich stelle diesen Rotbuchenwald, dessen Baumschicht von 20 m hohen Rotbuchen beherrscht wird, in Beziehung zum Tannenwald und nicht in Beziehung zum Bergahornwald, weil die Tanne beste Lebensmöglichkeiten findet und der Tanne ein viel größerer Bestockungsanteil eingeräumt werden kann. Der Bergahorn findet ohnehin beste Lebensmöglichkeiten, wenn Rotbuche und

Tanne lebenskräftig aufkommen und gedeihen können. Ich stelle nur jene Rotbuchenwälder in Beziehung zum Bergahornwald, die der Tanne keine Lebensmöglichkeiten bieten.

Der Haushalt dieses Waldes ist gekennzeichnet durch seine Lage am schneereichen Nordhang der oberen Buchenstufe und durch den ausgezeichneten Wasser- und Nährstoffhaushalt.

Die Vegetationsentwicklung verläuft hier natürlich zum Tannenwald, weil die Tanne als besonders schattenfeste Holzart hier am Nordhang unter den Rotbuchenkronen leichter sich durchsetzen kann als die Rotbuchenjugend.

Daraus ziehen wir die wirtschaftliche Folgerung, daß hier der Tanne ein größerer Anteil eingeräumt werden soll.

Der bodenfeuchte Rotbuchenwald in Beziehung zum Bergahornwald.

Der floristische Aufbau dieses Waldes unterscheidet sich von den bisher genannten Rotbuchenwäldern vor allem durch das Fehlen von Tannen, Eichen oder Hainbuchen in der Baumschicht und das Fehlen der wärmebedürftigen Arten im Niederwuchs. In der Baumschicht tritt der Bergahorn als begleitende Holzart lebenskräftig auf und im Niederwuchs finden sich Arten des Bergahorn-Schluchtwaldes.

Bodenfeuchter Rotbuchen-Tannen-Fichten-Unterhangwald (Fraxineto-Aceretum Pseudoplatani superirrigatum ↗ Abieteto-FAGETUM petasitosum albae) unter dem Touristenhaus in Holzschlag im Böhmerwald Oberösterreichs.

Aus dem Aufbau geht hervor, daß wir diese Wälder nur dort treffen, wo Eichen und Hainbuchen oder Tannen als Konkurrenten ausgeschaltet sind. Es ist dies vor allem in der oberen Buchenstufe auf Lawinenhängen und in Schluchten der Fall, weil hier Eiche und Hainbuche aus klimatischen Gründen fehlen und die Tanne vorerst nicht aufkommen kann, weil sie den Schneeschub nicht so gut erträgt.

Einen solchen Wald untersuchte ich ober dem Mitterseeboden bei Lunz am See in den nördlichen Kalkalpen auf einem 30–35° geneigten Osthang in 900 m Seehöhe.

Floristischer Aufbau:

Baumschicht:

Fagus silvatica	Bestockung 0,5	*Acer Pseudoplatanus*	Bestockung 0,5

Krautschicht:

Mercurialis perennis	2.3	*Cardamine trifolia*	+
Asperula odorata	2.2	*Fagus silvatica*	+
Impatiens Noli-tangere	2.2	*Thalictrum aquilegifolium*	+
Senecio nemorensis	1.2	*Salvia glutinosa*	+
Athyrium Filix-femina	1.2	*Aruncus vulgaris*	+
Lamium Galeobdolon	1.1	*Phyllitis Scolopendrium*	+
Galium silvaticum	1.1	*Lunaria rediviva*	+
Dentaria enneaphyllos	1.1	*Polygonatum verticillatum*	+
Acer Pseudoplatanus	1.1	*Actaea spicata*	+
Polystichum lobatum	1.1	*Chaerophyllum Cicutaria*	+
Fraxinus excelsior	1.1	*Prenanthes purpurea*	+
Saxifraga rotundifolia	1.1	*Cirsium Erisithales*	+
Dryopteris Filix-mas	1.1	*Athyrium alpestre*	+
Urtica-dioica	1.1	*Cystopteris regia*	+
Chrysosplenium alternifolium	+.2	*Asplenium viride*	+
		Asplenium Trichomanes	+
Phyteuma spicatum	+	*Melandryum rubrum*	+
Mycelis muralis	+	*Geranium Robertianum*	+

Bodenfeuchte anzeigende Arten:

Impatiens Noli-tangere, Chrysosplenium alternifolium, Chaerophyllum Cicutaria.

Luftfeuchte anzeigende Arten:

Polystichum lobatum, Aruncus vulgaris, Phyllitis Scolopendrium, Lunaria rediviva, Actaea spicata.

Ich stelle diesen Wald zum bodenfeuchten bodenbasischen Bergahorn-Rotbuchen-Unterhangwald, der im Eschenwald hochgekommen ist (Fraxinetum ↗ Acereto-FAGETUM calcicolum superirrigatum).

Wald-Geißbart *(Aruncus vulgaris)* bevorzugt kühle, luftfeuchte Lagen der Rotbuchen- und Bergahornstufe.

Wir haben es hier mit einem Rotbuchenwald zu tun, in dem die Rotbuche den Bergahorn wesentlich überwachsen hat und mit diesem die Baumschicht beherrscht. Die bodenfeuchten Arten lassen erkennen, daß der Wasserhaushalt des Bodens sehr gut ist. Die anspruchsvollen Laubwaldarten lassen erkennen, daß neben dem Wasserhaushalt auch der Nährstoffhaushalt sehr gut ist. Die Arten des Bergahornschluchtwaldes lassen erkennen, daß diesem Walde ein sehr feuchtes ausgeglichenes Klima zur Verfügung steht.

Somit ist der Haushalt dieses Waldes gekennzeichnet durch ein sehr feuchtes, kühles, ausgeglichenes Klima der oberen Buchenstufe und durch einen frischen, nährstoffreichen, sehr lange schneebedeckten Boden.

Die Vegetationsentwicklung geht hier, schematisch aufgezeigt, folgenden Weg:

Tannen-Unterhangwald

↑

Bergahorn-Rotbuchen-Unterhangwald
mit Tannen-Unterwuchs

↑

Eschen-Bergahorn-Unterhangwald
mit Rotbuchen-Unterwuchs

↑

Eschen-Bergahorn-Unterhangwald

↑

Grauerlen-Eschen-Unterhangwald

↑

Grauerlen-Unterhangwald

Ich habe diesen Wald zum Rotbuchenwald und nicht zum Bergahornwald gestellt, weil die Rotbuche den Bergahorn um 10 m überwächst.

Wirtschaftliche Folgerung: Dieser Wald besitzt weder Tanne noch Fichte in der Baumschicht, weil diese Holzarten hier am steilen und schneereichen Hang Schneeschub in der Jugend nicht so gut ertragen können wie Rotbuche und Bergahorn. Früher oder später, wenn Schneeschub und Lawineneinwirkung aufhören, führt die Vegetationsentwicklung zum Rotbuchenwald und weiter zum Tannenwald. Kahlschlag muß daher vermieden werden, wenn wir Tannen und Fichten einbringen wollen.

Einen bodenfeuchten Bergahorn-Rotbuchen-Unterhangwald untersuchte ich auf einem 25° Ost geneigten Lawinenhang in der oberen Buchenstufe ober Mürzsteg im Naßköhrgebiet bei der Jagdhütte der Bundesforste in 1540 m Seehöhe.

Floristischer Aufbau:

Baumschicht:

Fagus silvatica	4.5	*Acer Pseudoplatanus*	2.2

Strauchschicht:

Picea excelsa	+.2

Krautschicht:

Asperula odorata	2.2	*Milium effusum*	+
Cardamine trifolia	1.2	*Actaea spicata*	+
Saxifraga rotundifolia	1.2	*Athyrium Filix-femina*	+
Mercurialis perennis	1.1	*Prenanthes purpurea*	+
Lamium Galeobdolon	1.1	*Lilium Martagon*	+
Phyteuma spicatum	1.1	*Symphytum tuberosum*	+
Dentaria enneaphyllos	1.1	*Hieracium silvaticum*	+
Ranunculus lanuginosus	1.1	*Lathyrus vernus*	+
Dentaria bulbifera	1.1	*Cephalanthera alba*	+
Polygonatum verticillatum	1.1	*Euphorbia dulcis*	+
Senecio Fuchsii	1.1	*Euphorbia amygdaloides*	+
Helleborus niger	1.1	*Myosotis silvatica*	+
Poa nemoralis	+.2	*Digitalis grandiflora*	+
Daphne Mezereum	+.2	*Gentiana asclepiadea*	+
Impatiens Noli-tangere	+.2	*Luzula silvatica*	+
Deschampsia caespitosa	+.2	*Ranunculus montanus*	+
Vicia silvatica	+.2	*Cirsium Erisithales*	+
Galium silvaticum	+		

Ich stelle diesen Wald zum bodenfeuchten Bergahorn-Rotbuchenwald, der sich früher oder später nach Aufhören des Schneeschubes zum Tannenwald entwickeln würde (Acereto Pseudoplatani ↗ FAGETUM superirrigatum calcicolum).

Die Beziehung zum Bergahornwald versteht sich aus der Lage unseres Waldes am Lawinenhang, der Tanne und Fichte nicht aufkommen läßt. Der Reichtum an Arten, die an den Wasser- und Nährstoffhaushalt große Ansprüche stellen, läßt erkennen, daß diesem Wald ein guter Wasser- und Nährstoffhaushalt zur Verfügung steht. Der Mullboden ist allerdings nur einige Zentimeter dick und liegt auf einer lehmigen Schicht auf.

Damit ist der Haushalt dieses Waldes hinsichtlich des Bodenzustandes gekennzeichnet. Dazu kommt noch die klimatische Lage am steilen nach Osten geneigten Lawinenhang der oberen Buchenstufe.

Die Vegetationsentwicklung geht aus folgender schematischen Darstellung hervor:

Bodenfeuchter Rotbuchen-Tannenwald

↑

Bodenfeuchter Rotbuchen-Bergahornwald

↑

Bergahorn-Rotbuchenwald

Die Tanne kann sich erst dann durchsetzen, wenn Schneeschub und Lawineneinwirkung dies Aufkommen ermöglichen. Die Tanne ist ebenso wie die Fichte viel weniger in der Lage, Schneeschub zu ertragen als Bergahorn und Rotbuche.

Wirtschaftliche Folgerungen: Kahlschlagbetrieb, insbesondere Niederwaldbetrieb müssen auf jeden Fall unterbleiben, wenn wir einen hochwertigen Wirtschaftswald von Rotbuche, Tanne und Fichte anstreben wollen. Daraus ersehen wir, daß der Schneeschub die Hölzer auslest, die diesen ertragen können und jene vom Aufkommen fernhält, die diesen nicht ertragen können.

Einen 10° nach Süden geneigten bodenfeuchten Rotbuchenwald untersuchte ich auf einem Kalkschuttkegel-Lawinenhang in 1320 m Seehöhe ober Langen am Arlberg im Klostertal.

Floristischer Aufbau:

Baumschicht:

Fagus silvatica	5.5	*Acer platanoides*	+
Acer Pseudoplatanus	+	*Fraxinus excelsior*	+

Strauchschicht:

Fagus silvatica	+	*Acer platanoides*	+
Acer Pseudoplatanus	+	*Ulmus scabra*	+

Krautschicht:

Oxalis Acetosella	4.3
Asperula odorata	3.2
Fagus silvatica	3.2
Adenostyles Alliariae	3.2
Sanicula europaea	2.1
Prenanthes purpurea	2.1
Mercurialis perennis	1.2
Bromus ramosus subsp. *Benekeni*	1.2
Brachypodium silvaticum	1.2
Lamium Galeobdolon	1.1
Phyteuma spicatum	1.1
Asperula taurina	1.1
Veronica latifolia	1.1
Elymus europaeus	1.1
Viola silvestris	1.1
Aegopodium Podagraria	1.1
Petasites albus	1.1
Polygonatum verticillatum	1.1
Chaerophyllum Cicutaria	1.1
Majanthemum bifolium	1.1
Lilium Martagon	1.1
Viola biflora	+.2
Galium silvaticum	+
Mycelis muralis	+
Thalictrum aquilegifolium	+
Salvia glutinosa	+
Geranium Robertianum	+
Ranunculus lanuginosus	+
Poa nemoralis	+
Milium effusum	+
Aruncus vulgaris	+
Actaea spicata	+
Senecio Fuchsii	+
Dryopteris Filix-mas	+
Carex silvatica	+
Cypripedium Calceolus	+
Epilobium montanum	+
Neottia Nidus-avis	+
Paris quadrifolia	+
Carex digitata	+
Stachys silvatica	+
Angelica silvestris	+
Circaea lutetiana	+
Lysimachia nemorum	+
Orchis maculata	+
Heracleum Sphondylium	+
Cicerbita alpina	+
Aconitum Vulparia	+
Solidago Virgaurea	+
Veronica Chamaedrys	+
Astrantia major	+
Fragaria vesca	+
Acer platanoides	+
Ulmus scabra	+
Laserpitium latifolium	+
Lonicera alpigena	+
Lonicera Xylosteum	+

Ich stelle diesen Wald zum Filz-Alpendost-reichen, bodenfeuchten Bergahorn-Rotbuchen-Unterhangwald, der im Grauerlen-Eschenwald hochgekommen ist und sich in der Richtung zum Tannen-Unterhangwald weiter entwickelt (Alneto-Fraxinetum superirrigatum ↗ Acereto Pseudoplatani - FAGETUM adenostylosum Alliariae ↗ Abieteto-Fagetum).

Wir haben hier einen Rotbuchenwald vor uns, der auf einem Lawinenschuttkegel steht und alljährlich von Lawinen durchströmt wird. Diesem Umstande ist es zuzuschreiben, daß er zwar einen ausgezeichneten Wasser- und Nährstoffhaushalt besitzt, aber weniger biegsamen Nadelhölzern wie Tannen und Fichten noch keine Lebensmöglichkeiten bieten kann. Daraus geht seine Umwelt-Beziehung zum Bergahornwald hervor; denn dem Bergahorn sagen solche Klima- und Bodenverhältnisse zu und er vermag Schneeschub, Lawineneinwirkung und Steinschlag gut zu ertragen.

Der gute Wasserhaushalt geht aus dem Auftreten der Esche, der bodenfeuchten Arten und voralpinen Hochstauden hervor.

Der Haushalt ist gekennzeichnet durch die Lage des Waldes am sonnigen Lawinenhang der oberen Buchenstufe, durch den guten Wasser- und Nährstoffhaushalt, vor allem aber durch die auslesende Wirkung des Lawinenganges, die die Nadelhölzer nicht so gut ertragen können wie die Laubhölzer.

Die Vegetationsentwicklung geht aus folgender schematischen Darstellung hervor:

Bodenbasischer
Rotbuchen-Tannen-Unterhangwald

↑

Bodenbasischer
Bergahorn-Rotbuchen-Unterhangwald

↑

Bodenbasischer
Eschen-Bergahorn-Unterhangwald
mit Rotbuchen-Unterwuchs

↑

Bodenbasischer
Grauerlen-Eschen-Unterhangwald
mit Bergahorn-Unterwuchs

↑

Bodenbasischer
Grauerlen-Unterhangwald

Wirtschaftliche Folgerungen: Die Boden- und Klimaverhältnisse sagen der Rotbuche, Tanne, Bergulme, Fichte und dem Bergahorn ganz besonders zu. Es wäre vom wirtschaftlichen Gesichtspunkte auch hier gerechtfertigt, mehr Nadelholz beizumischen. Dies ist aber hier am Lawinenhang nicht möglich. Den alljährlich niedergehenden Lawinen und dem Steinschlag widerstehen die Rotbuchen viel besser und vermögen insbesondere Steinschlagwunden viel besser auszuheilen. Wir haben hier einen Bannwald vor uns, dessen einzige wirtschaftliche Aufgabe darin besteht, das darunterliegende Volksgut, die Straße und die Eisenbahn, vor Lawinen und Steinschlag zu schützen und haben daher gar kein Interesse, diesen gegen Lawinen und Steinschlag widerstandsfähigen Laubwald in einen zwar hochwertigeren, aber weniger widerstandsfähigen Nadelwald überzuführen.

Inhaltsverzeichnis.

Seite